W. Schäfer

Theoretische Grundlagen der Stabilität technischer Systeme

REIHE WISSENSCHAFT

W. Schäfer

Theoretische Grundlagen der Stabilität technischer Systeme

Direkte Methode

Mit 13 Abbildungen

Vieweg · Braunschweig

Verfasser:

Prof. Dr. rer. nat. habil. Wolfgang Schäfer

Ingenieurhochschule Leipzig

1976
Alle Rechte vorbehalten
© Akademie-Verlag, Berlin, 1976
Softcover reprint of the hardcover 1st edition 1976
Lizenzausgabe für
Friedr. Vieweg & Sohn Verlagsgesellschaft mbH, Braunschweig,
mit Genehmigung des Akademie-Verlages, DDR-Berlin
ISBN-13: 978-3-528-06816-5   e-ISBN-13: 978-3-322-86327-0
DOI: 10.1007/978-3-322-86327-0

Vorwort

Die Probleme der automatischen Steuerung technischer Systeme mit Prozeßrechnern haben in den letzten Jahren immer mehr an Bedeutung gewonnen. Vor allem in der chemischen Industrie ist dabei die Untersuchung des Stabilitätsverhaltens der Steuerungssysteme unumgänglich. Die mathematischen Modelle solcher Systeme sind in der Regel von hoher Dimension und stark nichtlinear. Die Stabilitätsuntersuchungen haben nicht nur die Frage zu beantworten, ob ein System stabil ist oder nicht, es ist darüber hinaus der Einzugsbereich des stabilen Zustandes möglichst gut abzuschätzen.

Die Lösung der dabei auftretenden Probleme ist ohne die Anwendung der zweiten oder direkten Methode von LJAPUNOW undenkbar. Die grundlegende Arbeit von LJAPUNOW [22] aus dem Jahre 1893, die 1907 in französischer Übersetzung erschien, fand zunächst wenig Beachtung. Erst in den dreißiger Jahren wurden die LJAPUNOWschen Gedanken zunächst von sowjetischen Wissenschaftlern, dann aber auch international in verstärktem Maße wieder aufgegriffen, weiterentwickelt und verallgemeinert. Die ständig wachsende Zahl von Veröffentlichungen, die nicht nur die Weiterentwicklung der Theorie, sondern sehr stark auch die praktischen Anwendungen betreffen, ist inzwischen kaum noch zu überschauen.

Das vorliegende Taschenbuch wendet sich in erster Linie an in der Industrie bzw. Forschung tätige Ingenieure, Verfahrenstechniker, Chemiker usw. Es enthält eine Zusammenstellung der wichtigsten Stabilitätsbegriffe und Stabilitätsbedingungen, soweit sie in der

Praxis bereits angewendet werden bzw. für die Praxis in der nächsten Zeit verstärkt Bedeutung erlangen und kann keinen Anspruch erheben auf auch nur annähernde Vollständigkeit. Auf Beweisführungen wird verzichtet, über die Bedeutung bestimmter Begriffe und Sätze wird in Bemerkungen kurz eingegangen. Dem Charakter dieses Handbuches wird auch durch die Anordnung des Stoffes Rechnung getragen:

Im ersten Kapitel werden einige grundlegende Begriffe zusammengestellt, die nicht unmittelbar mit Stabilitätsfragen zu tun haben, wie z. B. Konvexität, Definitheit, metrische Räume, dynamisches System usw.; ferner werden dort einige Bezeichnungen festgelegt, die mit gewöhnlichen und partiellen Differentialgleichungen, Differenzengleichungen usw. im Zusammenhang stehen. Der zweite Abschnitt enthält die verschiedenen Stabilitätsbegriffe, denen dann in den Abschnitten 3 bis 9 die Stabilitätsbedingungen folgen. Durch Rückverweise wird der Nachteil einer solchen Darstellung weitgehend gemindert.

Das vorliegende Taschenbuch behandelt ausschließlich die direkte Methode, da zur indirekten Methode ausreichend Literatur zur Verfügung steht. Im Mittelpunkt steht die Stabilität von gewöhnlichen Differentialgleichungen, denn dort liegt auch heute noch der Schwerpunkt der Anwendungen. Dem folgt in seiner praktischen Bedeutung die Stabilität von Differenzengleichungen. In beiden Fällen handelt es sich um Bewegungen im euklidischen Raum. Aber auch partielle Differentialgleichungen, Differential-Differenzengleichungen oder allgemeinere Funktionalgleichungen traten in der Praxis als mathematische Modelle verstärkt auf. Darum werden Bewegungen in allgemeineren Räumen definiert. Einen allgemeinen Zugang zu solchen Problemen verschaffen die dynamischen und die allgemeinen Systeme in metrischen Räumen.

Im Text werden die Abkürzungen D für Definition, S für Satz und B für Bemerkung verwendet.

Inhaltsverzeichnis

1. Grundlegende Begriffe

1.1. Der Bewegungsraum

B 1.1: Der Begriff der Bewegung ist von fundamentaler Bedeutung für die Stabilitätstheorie. Ihm liegt der physikalische Begriff der Bewegung eines Massenpunktes x im Verlaufe der Zeit t auf einer Bahnkurve $x(t)$ zugrunde. Dieser physikalische Bewegungsbegriff wird auf den n-dimensionalen euklidischen Raum erweitert, wobei t nicht mehr notwendig die Zeit zu sein braucht.

D 1.1: Die Menge R^n aller Punkte

$$x = \begin{pmatrix} x_1 \\ x_2 \\ \vdots \\ x_n \end{pmatrix} = (x_1, x_2, \ldots, x_n)^T \qquad (1.1)$$

heißt (n-dimensionaler) *euklidischer Raum*. Dabei wird die euklidische Metrik

$$|x| = (x_1{}^2 + x_2{}^2 + \cdots + x_n{}^2)^{1/2} \qquad (1.2)$$

für den Betrag von x und

$$\varrho\,(x, y) = |x - y| = \{(x_1 - y_1)^2 + (x_2 - y_2)^2$$

$$+ \cdots + (x_n - y_n)^2\}^{1/2} \qquad (1.3)$$

für den Abstand zweier Punkte zugrunde gelegt. Mit gleichen Buchstaben bezeichnete verschiedene Punkte werden durch hochgestellte Indizes unterschieden: x^1, x^2, $\ldots$

D 1.2: Eine stetige Vektorfunktion

$$x = x(t) \qquad\qquad (1.4)$$

der Veränderlichen t definiert im $(n + 1)$-dimensionalen (x, t)-Raum, dem Bewegungsraum, eine Bewegung $(x(t), t)$.

Die Projektion $x(t)$ der Bewegung $(x(t), t)$ auf den x-Raum heißt *Phasenkurve* (Trajektorie). Der x-Raum ist in diesem Zusammenhang der Phasenraum.

D 1.3: Unter einer *Umgebung* $U(x^0)$ des Punktes x^0 des Phasenraumes versteht man einen abgeschlossenen Bereich des R^n, der x^0 als inneren Punkt enthält. Unter einer Umgebung $U(x^0, t_0)$ des Punktes (x^0, t_0) des Bewegungsraumes versteht man den Halbzylinder: $\{x \in U(x^0), t \geq t_0\}$. Insbesondere werden in der Stabilitätstheorie die Kugelumgebungen von $x^0 = 0$

$$K(r) = (|x| \leq r) \qquad\qquad (1.5)$$

und die Kugelzylinderumgebungen von $(0, t_0)$

$$K(r, t_0) = (|x| \leq r, t \geq t_0) \qquad\qquad (1.6)$$

hervorgehoben.

1.2. Funktionen

B 1.2: Die Theorie der Funktionen von mehreren Veränderlichen, insbesondere solche Begriffe wie Stetigkeit, Differenzierbarkeit, Niveauhyperfläche usw. muß hier im wesentlichen als bekannt vorausgesetzt werden. Im folgenden werden daher neben einigen Bezeichnungen nur für die Stabilitätstheorie besonders wichtige Eigenschaften, wie z. B. die Definitheit, definiert.

In der Stabilitätstheorie treten im Phasenraum und im Bewegungsraum definierte Funktionen

$$y = F(x) \quad \text{bzw.} \quad y = F(x, t) \qquad\qquad (1.7)$$

oder Funktionssysteme

$$
\begin{array}{ll}
y_1 = f_1(x) & y_1 = f_1(x, t) \\
y_2 = f_2(x) \quad \text{bzw.} & y_2 = f_2(x, t) \\
\vdots & \vdots \\
y_n = f_n(x) & y_n = f_n(x, t)
\end{array}
\qquad (1.8)
$$

auf, die zu Funktionsvektoren

$$
y = f(x) \quad \text{bzw.} \quad y = f(x, t) \qquad (1.9)
$$

zusammengefaßt werden können.

D 1.4: Das System der Ableitungen der Funktionen $F(x)$ wird in folgender Weise bezeichnet:

$$
\frac{\partial F}{\partial x} = \left(\frac{\partial F}{\partial x_1}, \frac{\partial F}{\partial x_2}, \ldots, \frac{\partial F}{\partial x_n} \right), \qquad (1.10)
$$

$$
\nabla F = \begin{pmatrix} \dfrac{\partial F}{\partial x_1} \\[2mm] \dfrac{\partial F}{\partial x_2} \\[1mm] \vdots \\[1mm] \dfrac{\partial F}{\partial x_n} \end{pmatrix}, \qquad (1.11)
$$

$$
\frac{\partial^2 F}{\partial x^2} = \left(\frac{\partial^2 F}{\partial x_i \, \partial x_j} \right) = \begin{pmatrix} F_{x_1 x_1} & F_{x_1 x_2} & \cdots & F_{x_1 x_n} \\ F_{x_2 x_1} & F_{x_2 x_2} & \cdots & F_{x_2 x_n} \\ \vdots & & & \vdots \\ F_{x_n x_1} & F_{x_n x_2} & \cdots & F_{x_n x_n} \end{pmatrix} \qquad (1.12)
$$

(Matrix der zweiten Ableitungen),

$$
\frac{\partial^3 F}{\partial x^3} = \left(\frac{\partial^3 F}{\partial x_i \, \partial x_j \, \partial x_k} \right) \qquad (1.13)
$$

(Tensor dritter Stufe der dritten Ableitungen) usw.

D 1.5: Die Matrix der ersten Ableitungen des Funktionsvektors $f(x)$, die JACOBISche Matrix, wird in folgender Weise bezeichnet:

$$\frac{\partial f}{\partial x} = \left(\frac{\partial f_i}{\partial x_j}\right) = \begin{pmatrix} f_{1x_1}\, f_{1x_2}\, \cdots\, f_{1x_n} \\ f_{2x_1}\, f_{2x_2}\, \cdots\, f_{2x_n} \\ \vdots \\ f_{nx_1}\, f_{nx_2}\, \cdots\, f_{nx_n} \end{pmatrix}. \tag{1.14}$$

S 1.1: Eine bei $x = 0$ $(m + 1)$-mal stetig differenzierbare Funktion $F(x)$ gestattet dort folgende Reihenentwicklung:

$$F(\xi) = \sum_{i=0}^{m} \frac{(\xi^T \nabla)^i}{i!} F(x)\bigg|_{x=0} + \frac{(\xi^T \nabla)^{m+1}}{(m+1)!} F(x)\bigg|_{x=\vartheta\xi},$$

$$0 < \vartheta < 1. \tag{1.15}$$

Insbesondere gilt für zweimal stetig differenzierbare, bei $x = 0$ verschwindende Funktionen

$$F(x) = \frac{\partial F(0)}{\partial x} x + G(x)$$

$$= F_{x_1}(0)\, x_1 + \cdots + F_{x_n}(0)\, x_n + G(x), \tag{1.16}$$

wobei $G(x)$ mindestens von zweiter Ordnung in x verschwindet.

S 1.2: Gemäß S 1.1 kann auch ein Funktionenvektor $f(x)$ entwickelt werden. Für einen zweimal stetig differenzierbaren, bei $x = 0$ verschwindenden Funktionenvektor gilt

$$f(x) = \frac{\partial f(0)}{\partial x} x + g(x)$$

$$= \begin{pmatrix} f_{1x_1}x_1 + f_{1x_2}x_2 + \cdots + f_{1x_n}x_n + g_1(x) \\ f_{2x_1}x_1 + f_{2x_2}x_2 + \cdots + f_{2x_n}x_n + g_2(x) \\ \vdots \\ f_{nx_1}x_1 + f_{nx_2}x_2 + \cdots + f_{nx_n}x_n + g_n(x) \end{pmatrix}, \tag{1.17}$$

wobei $g(x)$ mindestens von zweiter Ordnung in x verschwindet.

D 1.6: Eine in einer Umgebung $U(0)$ von $x = 0$ erklärte Funktion $F(x)$ heißt

a) *positiv definit*
b) *negativ definit*
c) *streng positiv definit*
d) *streng negativ definit*

wenn gilt

$$F(0) = 0 \tag{1.18}$$

und für

$$x \neq 0$$

a) $F(x) \geqq 0 \tag{1.19}$

b) $F(x) \leqq 0 \tag{1.20}$

c) $F(x) > 0 \tag{1.21}$

d) $F(x) < 0. \tag{1.22}$

Die Funktion $F(x)$ heißt positiv (negativ) *semidefinit*, wenn sie positiv (negativ) definit, aber nicht streng positiv (negativ) definit ist.

Die Funktion $F(x)$ heißt *indefinit*, wenn sie weder positiv noch negativ definit ist.

Eine in der Umgebung $U(0, t_0)$ erklärte Funktion $F(x, t)$ heißt

a) *positiv definit*
b) *negativ definit*

wenn gilt

$$F(0, t) = 0 \quad \text{für alle } t \geqq t_0 \tag{1.23}$$

und für

$$x \neq 0$$

a) $F(x, t) \geqq 0 \quad \text{für alle } t \geqq t_0 \tag{1.24}$

b) $F(x, t) \leqq 0 \quad \text{für alle } t \geqq t_0. \tag{1.25}$

$F(x, t)$ heißt

c) *streng positiv definit*
d) *streng negativ definit*

wenn (1.23) gilt und eine streng positiv (negativ) definite Funktion $G(x)$ existiert mit

$$\text{c) } F(x, t) \geqq G(x) \qquad (1.26)$$

$$\text{d) } F(x, t) \leqq G(x) \qquad (1.27)$$

für

$$x \neq 0 \qquad \text{und alle } t \geqq t_0 .$$

Die Funktion $F(x, t)$ heißt positiv (negativ) *semidefinit*, wenn sie positiv (negativ) definit, aber nicht streng positiv (negativ) definit ist. Sie heißt *indefinit*, wenn sie weder positiv noch negativ definit ist.

B 1.3:
$$F(x, t) = t(x_1{}^2 + x_2{}^2 + \cdots + x_n{}^2)$$

ist in $U(0, 1)$ streng positiv definit, dagegen ist

$$G(x, t) = t^{-1}(x_1{}^2 + x_2{}^2 + \cdots + x_n{}^2)$$

dort nur positiv semidefinit, obwohl für alle $x \neq 0$ und alle $t \geqq 1$ gilt

$$G(x, t) > 0 .$$

D 1.7: Eine in $U(0, t_0)$ erklärte Funktion $F(x, t)$ heißt *gleichmäßig klein*, wenn gilt

$$F(0, t) = 0 \quad \text{für alle } t \geqq t_0 \qquad (1.28)$$

und zu jedem noch so kleinen $\varepsilon > 0$ eine von t unabhängige Konstante $\delta(\varepsilon)$ existiert, so daß aus

$$|x| < \delta(\varepsilon) \qquad (1.29)$$

folgt

$$|F(x, t)| < \varepsilon \quad \text{für alle } t \geqq t_0 . \qquad (1.30)$$

Eine für alle x und alle $t \geqq t_0$ erklärte Funktion $F(x, t)$ heißt *gleichmäßig groß*, wenn zu jedem noch so großen ε

eine von t unabhängige Konstante $\delta(\varepsilon)$ existiert, so daß aus

$$|x| > \delta(\varepsilon) \tag{1.31}$$

folgt

$$F(x, t) > \varepsilon \quad \text{für alle } t \geqq t_0. \tag{1.32}$$

B 1.4:

$$F(x, t) = t(x_1{}^2 + x_2{}^2 + \cdots + x_n{}^2)$$

ist für $t_0 = 1$ gleichmäßig groß, aber nicht gleichmäßig klein, obwohl $F(x, t)$ für jedes feste $t \geqq 1$ beliebig klein gemacht werden kann.

$$G(x, t) = t^{-1}(x_1{}^2 + x_2{}^2 + \cdots + x_n{}^2)$$

ist für $t_0 = 1$ gleichmäßig klein, aber nicht gleichmäßig groß, obwohl $G(x, t)$ für jedes feste $t \geqq 1$ beliebig groß gemacht werden kann.

1.3. Matrizen

B 1.5: Die Matrizenrechnung einschließlich der linearen Algebra, der Eigenwerttheorie und der Theorie quadratischer Formen muß im wesentlichen als bekannt vorausgesetzt werden.

Im folgenden sollen daher nur einige für die Stabilitätstheorie besonders wichtige Begriffe und Sätze zusammengestellt werden. Alle Matrizen werden dabei als quadratisch vorausgesetzt. Eine Ausnahme bilden lediglich Vektoren, die ja als spezielle Matrizen aufgefaßt werden können.

D 1.1: Eine *Matrix A* ist ein geordnetes System von n^2 reellen Elementen a_{ij}, $i, j = 1, 2, \ldots, n$,

$$A = (a_{ij}) = \begin{pmatrix} a_{11}\, a_{12} \cdots a_{1n} \\ a_{21}\, a_{22} \cdots a_{2n} \\ \vdots \\ a_{n1}\, a_{n2} \cdots a_{nn} \end{pmatrix}. \tag{1.33}$$

Ihre Determinante wird mit $|A|$ bezeichnet. A heißt *regulär*, wenn $|A| \neq 0$ und singulär, wenn $|A| = 0$ ist. Die Einheitsmatrix wird mit E bezeichnet, die transportierte Matrix, die aus A durch Vertauschung der Zeilen mit den Spalten hervorgeht, mit A^T.

In entsprechender Weise ist dann x^T der zum Spaltenvektor x (1.1) gehörende Zeilenvektor

$$x^T = (x_1, x_2, \ldots, x_n). \tag{1.34}$$

D 1.9: Die zur Matrix A gehörende charakteristische Gleichung

$$|A - \lambda E| = 0 \tag{1.35}$$

ist eine Gleichung n-ten Grades. Ihre rellen oder komplexen Lösungen $\lambda_1, \lambda_2, \ldots, \lambda_n$ heißen *Eigenwerte* von A.

S 1.3: Die Eigenwerte einer symmetrischen Matrix

$$A^T = A \tag{1.36}$$

sind sämtlich reell.

D 1.10: Eine symmetrische Matrix A heißt

    a) *positiv definit*
    b) *negativ definit*
    c) *streng positiv definit*
    d) *streng negativ definit*
    e) *positiv semidefinit*
    f) *negativ semidefinit*
    g) *indefinit*

wenn gilt:

    a) $\lambda_i \gneqq 0$ für alle i
    b) $\lambda_i \leq 0$ für alle i
    c) $\lambda_i > 0$ für alle i
    d) $\lambda_i < 0$ für alle i
    e) $\lambda_i \geqq 0$ für alle i

    aber $\lambda_i = 0$ für mindestens ein i

$$\text{f)}\ \lambda_i \leqq 0 \quad \text{für alle } i, \text{ aber } \lambda_i = 0$$
$$\text{für mindestens ein } i$$
$$\text{g)}\ \lambda_i > 0 \quad \text{für mindestens ein } i \text{ und}$$
$$\lambda_i < 0 \quad \text{für mindestens ein } i.$$

§ 1.4: Eine symmetrische Matrix A ist genau dann streng positiv definit, wenn alle Hauptabschnittsdeterminanten

$$|A_1| = a_{11}$$
$$|A_2| = \begin{vmatrix} a_{11} & a_{12} \\ a_{21} & a_{22} \end{vmatrix}$$
$$\vdots$$
$$|A_n| = |A|$$

positiv sind (Satz von SYLVESTER).

§ 1.5: Eine mit einer symmetrischen Matrix A gebildete quadratische Form

$$Q(x) = x^T A x = a_{11}x_1{}^2 + a_{22}x_2{}^2 + \cdots + a_{nn}x_n{}^2$$
$$+ 2(a_{12}x_1x_2 + a_{13}x_1x_3 + \cdots + a_{1n}x_1x_n \qquad (1.37)$$
$$+ a_{23}x_2x_3 + \cdots + a_{n-1,n}x_{n-1}x_n)$$

hat das gleiche Definitheitsverhalten (D 1.6) wie A (D 1.10).

§ 1.6: Sei A eine (nicht notwendig symmetrische) Matrix, deren sämtliche Eigenwerte negative Realteile haben,

$$\mathrm{Re}\,(\lambda_i) < 0 \quad \text{für alle } i, \qquad (1.38)$$

und C eine beliebige, streng negativ definite symmetrische Matrix. Gesucht ist eine symmetrische Matrix X, die die Matrizengleichung

$$A^T X + X A = C \qquad (1.39)$$

erfüllt. Wegen der Symmetriebedingung für X sind das $n(n + 1)/2$ Gleichungen für ebenso viele Unbekannte $x_{ij}, i \geqq j$. Die Gleichung (1.39) ist eindeutig lösbar und X ist streng positiv definit.

2*

1.4. Metrische Räume

B 1.6: Bei Stabilitätsuntersuchungen für Differential-Differenzengleichungen, partielle Differentialgleichungen oder allgemeinere Funktionalgleichungen sind die Elemente nicht mehr allein durch Vektorfunktionen im R^n zu beschreiben. Es müssen allgemeinere. Elemente, Punkte in metrischen Räumen, zugelassen werden. Für die Behandlung entsprechender Probleme sind daher Kenntnisse aus der Funktionalanalysis notwendig. Es kann auch hier wieder nur eine kurze Zusammenstellung der notwendigsten Begriffe erfolgen.

B 1.7: Betrachtet man die Punkte des euklidischen Raumes R^n (D 1.1), dann ist durch (1.3) der Abstand zweier Punkte in natürlicher Weise definiert. Aber schon im R^n ist es z. B. bei Konvergenzuntersuchungen sinnvoll, in gewissem Sinne sogar notwendig, mit einer von der euklidischen abweichenden Metrik zu arbeiten. Man kann den Abstand zweier Punkte x und y z. B. folgendermaßen definieren:

$$\varrho(x, y) = \sum_{i=1}^{n} |x_i - y_i| \tag{1.40}$$

oder

$$\varrho(x, y) = \max_i |x_i - y_i|. \tag{1.41}$$

Sind die Elemente f, g, ... einer Menge M gar im Intervall $[a, b]$ stetige Funktionen der Veränderlichen t, so ist ein Abstandsbegriff nicht wie beim euklidischen Raum in natürlicher Weise gegeben, er muß hier künstlich eingeführt werden, z. B. in der Form

$$\varrho(f, g) = \left\{ \int_a^b (f - g)^2 \, \mathrm{d}t \right\}^{1/2} \tag{1.42}$$

oder

$$\varrho(f, g) = \int_a^b |f - g| \, \mathrm{d}t \tag{1.43}$$

oder

$$\varrho(f, g) = \max_{a \leq t \leq b} |f - g|. \tag{1.44}$$

Dadurch wird die Menge M zu einem metrischen Raum.

Entsprechendes gilt auch für die Menge der in einem Bereich B des R^n stetigen Funktionen von x. Hier wäre in (1.42) und (1.43) über B zu integrieren und in (1.44) das Maximum über B zu suchen.

Allgemein wird eine Menge beliebiger Elemente zu einem metrischen Raum, wenn ein Abstand ϱ in „sinnvoller" Weise gegeben ist. Die Forderungen, die an einen solchen Abstand zu stellen sind, enthält die folgende D 1.11.

D 1.11: Eine Menge $M = \{x, y, z, ...\}$ heißt *metrischer Raum*, wenn für beliebige $x \in M$, $y \in M$ eine reelle Zahl $\varrho(x, y)$ (Abstand) eindeutig definiert ist, die folgende Eigenschaften hat:

$$\varrho(x, y) \geqq 0 \quad \text{(positive Definitheit)} \tag{1.45}$$

$$\varrho(x, y) = \varrho(y, x) \quad \text{(Symmetrie)} \tag{1.46}$$

$$\varrho(x, y) = 0 \quad \text{genau dann, wenn } x = y \tag{1.47}$$

$$\varrho(x, y) \leqq \varrho(x, z) + \varrho(z, y), \quad z \in M \text{ beliebig} \tag{1.48}$$
$$\text{(Dreiecksungleichung)}.$$

B 1.8: Der euklidische Raum wird mit dem Abstand (1.3) oder (1.40) oder (1.41) zu einem metrischen Raum. Dagegen ist durch

$$\varrho(x, y) = \sum_{i=1}^{n} (x_i - y_i)^2$$

keine Metrik im Sinne von D 1.11. definiert, weil hier die Dreiecksungleichung (1.48) nicht gilt.

Der Raum der stetigen Funktionen ist mit dem Abstand (1.42) oder (1.43) oder (1.44) ein metrischer Raum.

D.1.12: Eine Punktfolge x_1, x_2, ... des metrischen Raumes mit dem Abstand ϱ heißt *konvergent* mit dem Grenzpunkt x_0

$$\lim_{n \to \infty} x_n = x_0, \qquad (1.49)$$

wenn gilt

$$\lim_{n \to \infty} \varrho(x_n, x_0) = 0. \qquad (1.50)$$

D 1.13: Eine Punktfolge x_1, x_2, ... des metrischen Raumes mit dem Abstand ϱ heißt CAUCHY-*Folge*, wenn gilt

$$\lim_{\substack{n \to \infty \\ m \to \infty}} \varrho(x_n, x_m) = 0. \qquad (1.51)$$

S 1.7: Eine konvergente Punktfolge ist eine CAUCHY-Folge. Sie besitzt genau einen Grenzpunkt.

Haben die Punktfolgen x_1, x_2, ... und y_1, y_2, ... die Grenzpunkte x_0 und y_0, so gilt

$$\lim_{n \to \infty} \varrho(x_n, y_n) = \varrho(x_0, y_0). \qquad (1.52)$$

B 1.9: Nicht jede CAUCHY-*Folge* muß konvergieren. Die Menge aller rationalen Zahlen ist mit der üblichen Abstandsmetrik ein metrischer Raum. Eine CAUCHY-*Folge* kann aber gegen eine irrationale Zahl konvergieren, hat also keinen rationalen Grenzpunkt. Man nennt solche Räume unvollständig. So ist auch die Menge der stetigen Funktionen mit der Metrik (1.42) ein unvollständiger Raum, verwendet man dagegen die Metrik (1.44), so entsteht ein vollständiger Raum.

D 1.14: Ein metrischer Raum heißt *vollständig*, wenn jede CAUCHY-Folge konvergiert.

B 1.10: Die aus dem euklidischen Raum bekannten Begriffe, wie Abbildung und Funktion, können auf allgemeine metrische Räume übertragen werden und führen zu den Begriffen Operator und Funktional.

D 1.15: Seien R und S metrische Räume und $F \subseteq R$ ein Teilraum von R. Eine Vorschrift T, die jedem $x \in F$ eindeutig ein $y \in S$ zuordnet,

$$y = T(x), \qquad (1.53)$$

heißt *Operator*. Ist S insbesondere der Raum der reellen Zahlen, so spricht man von einem *Funktional*. Der Operator (das Funktional) T heißt *stetig bei* x_0, wenn für alle gegen x_0 konvergenten Folgen $x_1, x_2, \ldots$ aus F gilt

$$\lim_{n \to \infty} T(x_n) = T(x_0). \qquad (1.54)$$

B 1.11: Die in B 1.7 angegebenen Räume (euklidischer Raum, Raum der stetigen Funktionen) haben bestimmte ausgezeichnete Eigenschaften, die für allgemeinere metrische Räume verallgemeinert werden können. So ist in beiden Fällen eine Additionsoperation zwischen den Elementen des Raumes erklärt. Das führt zum Begriff des linearen Raumes.

Ferner können die in B 1.7 angegebenen Metriken auf besondere Art gewonnen werden: Man kann jedem Element x des euklidischen Raumes bzw. jedem Element f des Raumes der stetigen Funktionen eine Norm zuordnen, z. B. in der Form

$$\|x\| = \left\{ \sum_{i=1}^{n} x_i{}^2 \right\}^{1/2} \qquad (1.55)$$

oder

$$\|x\| = \sum_{i=1}^{n} |x_i| \qquad (1.56)$$

oder

$$\|x\| = \max_i |x_i| \qquad (1.57)$$

bzw.

$$\|f\| = \left\{ \int_a^b f^2 \, \mathrm{d}t \right\}^{1/2} \qquad (1.58)$$

oder

$$\|f\| = \int\limits_a^b |f| \; \mathrm{d}t \qquad\qquad (1.59)$$

oder

$$\|f\| = \max_{a \leqq t \leqq b} |f|. \qquad\qquad (1.60)$$

Daraus erhält man dann die entsprechenden Metriken

$$\varrho(x, y) = \|x - y\| \qquad\qquad (1.61)$$

bzw.

$$\varrho(f, g) = \|f - g\|. \qquad\qquad (1.62)$$

Die Verallgemeinerung dieser Eigenschaften auf allgemeine metrische Räume führt zu Begriffen, wie *normierter Raum* und BANACH-*Raum*.

Ferner kann man sowohl im euklidischen Raum als auch im Raum der stetigen Funktionen ein Skalarprodukt definieren:

$$(x, y) = \sum_{i=1}^{n} x_i y_i \qquad\qquad (1.63)$$

bzw.

$$(f, g) = \int\limits_a^b (f \cdot g) \; \mathrm{d}t. \qquad\qquad (1.64)$$

Damit erhält man die Norm (1.55) in der Form

$$\|x\| = (x, x)^{1/2} \qquad\qquad (1.65)$$

und die Norm (1.58) in der Form

$$\|f\| = (f, f)^{1/2}. \qquad\qquad (1.66)$$

Die Verallgemeinerung führt auf die Begriffe *Raum mit Skalarprodukt* und HILBERT-*Raum*.

D 1.16: Ein Raum $R = \{x, y, \ldots\}$ heißt *linearer Raum*, wenn er folgende Eigenschaften hat:

1. Jedem Elementepaar $x \in R$, $y \in R$ ist eindeutig ein Element $x + y \in R$ (Summe) zugeordnet mit den Eigenschaften

$$(x + y) - z = x + (y + z), \qquad (1.67)$$

$$x + y = y + x. \qquad (1.68)$$

2. Jedem $x \in R$ und jeder reellen Zahl λ ist ein Element $\lambda x \in R$ eindeutig zugeordnet mit den Eigenschaften

$$(\lambda + \mu)\, x = \lambda x + \mu x, \qquad (1.69)$$

$$\lambda(x + y) = \lambda x + \lambda y, \qquad (1.70)$$

$$(\lambda\mu)\, x = \lambda(\mu x), \qquad (1.71)$$

$$1 \cdot x = x. \qquad (1.72)$$

3. Es gibt ein Nullelement $0 \in R$ mit der Eigenschaft

$$0 \cdot x = 0. \qquad (1.73)$$

B 1.12: Für lineare Räume gelten dann die vom Rechnen mit Zahlen her bekannten Gesetze, insbesondere kann man durch $-y = -1 \cdot y$ die Substraktion $x - y = x + (-y)$ einführen. Es gilt auch $0 \cdot x = 0$ usw.

D 1.17: Ein Raum $R = \{x, y, \ldots\}$ heißt *normierter Raum*, wenn folgende Bedingungen erfüllt sind:

1. R ist linear (D 1.16).
2. Zu jedem $x \in R$ existiert genau eine reelle Zahl $\|x\|$, die Norm von x genannt wird, mit den Eigenschaften

$$\|x\| \geqq 0 \qquad (1.74)$$

$$\|x\| = 0 \quad \text{genau dann, wenn } x = 0 \qquad (1.75)$$

$$\|\lambda x\| = |\lambda| \cdot \|x\| \qquad (1.76)$$

$$\|x + y\| \leqq \|x\| + \|y\|. \qquad (1.77)$$

D 1.18: Ein vollständiger (D 1.14) normierter Raum heißt Banach-*Raum*.

§ 1.8: Für einen normierten Raum kann eine Metrik gemäß D 1.11 durch

$$\varrho(x, y) = \|x - y\| \tag{1.78}$$

definiert werden.

D 1.19: Ein Raum $R = \{x, y, \ldots\}$ heißt *Raum mit Skalarprodukt*, wenn folgende Bedingungen erfüllt sind:

1. R ist ein linearer Raum (D 1.16).

2. Zu jedem Elementepaar $x \in R$, $y \in R$ existiert genau eine reelle Zahl (x, y), die Skalarprodukt genannt wird, mit den Eigenschaften

$$(x, y) = (y, x), \tag{1.79}$$

$$(\lambda x + \mu y, z) = \lambda(x, z) + \mu(y, z), \tag{1.80}$$

$$(x, x) \geqq 0, \tag{1.81}$$

$$(x, x) = 0 \quad \text{genau dann, wenn } x = 0. \tag{1.82}$$

D 1.20: Ein vollständiger Raum mit Skalarprodukt heißt Hilbert-*Raum*.

§ 1.9: Für einen Raum mit Skalarprodukt kann eine Norm gemäß D 1.17 durch

$$\|x\| = (x, x)^{1/2} \tag{1.83}$$

und damit weiter gemäß (1.78) eine Metrik definiert werden.

1.5. Bewegungen im euklidischen Raum und gewöhnliche Differentialgleichungen

B 1.13: In D 1.2 wurde die Bewegung im euklidischen Raum allgemein definiert. Da eine solche Bewegung eindeutig durch eine n-dimensionale Vektorfunktion $x(t)$

gegeben ist, kann man diese auch mit der Bewegung identifizieren. Im folgenden wird daher von der Bewegung $x(t)$ gesprochen.

In der Stabilitätstheorie untersucht man Klassen von Bewegungen, die von einem freien Parametervektor a abhängen. Eine zu einem fixierten a gehörende Bewegung wird dabei als ungestörte Bewegung, die übrigen als gestörte Bewegungen bezeichnet. Insbesondere das Verhalten der Störung, d. i. die Abweichung zwischen gestörter und ungestörter Bewegung, ist Gegenstand der Stabilitätstheorie.

D 1.21: Sei

$$y = (y_1, y_2, \ldots, y_n)^T \tag{1.84}$$

ein n-dimensionaler und

$$b = (b_1, b_2, \ldots, b_m)^T \tag{1.85}$$

ein m-dimensionaler Vektor. Ferner sei y ein in einer Umgebung $U(b^0)$ (D 1.3) und für alle t definierbarer, von b und t stetig abhängender Funktionsvektor. Dann heißt

$$y = y(b, t) \tag{1.86}$$

Bewegung (im euklidischen Raum R^n). Insbesondere heißt

$$y^0(t) = y(b^0, t) \tag{1.87}$$

ungestörte und

$$y(t) = y(b, t), \quad b \neq b^0 \tag{1.88}$$

gestörte Bewegung.

Die Differenz zwischen gestörter und ungestörter Bewegung

$$x(t) = y(t) - y^0(t) \tag{1.89}$$

heißt *Störung*.

B 1.14: Durch Einführung des Störungsvektors

$$a = b - b^0 \tag{1.90}$$

erhält man für die Störung

$$x(t) = y(b, t) - y(b^0, t)$$
$$= y(b^0 + a, t) - y(b^0, t)$$
$$= x(a, t).$$

Die Störung ist also auch eine Bewegung. Dem zur ungestörten Bewegung (1.87) gehörenden Parametervektor b^0 entspricht nach (1.90) der Störungsvektor $a = 0$, der ungestörten Bewegung (1.87) die Ruhelage der Störung (1.89)

$$x = x^0(t) = x(0, t) \equiv 0, \qquad (1.91)$$

und der gestörten Bewegung (1.88) die Störung

$$x(t) = x(a, t), \quad a \neq 0. \qquad (1.92)$$

Damit kann man die Untersuchung allgemeiner Bewegungen (1.86) im euklidischen Raum zurückführen auf die Untersuchung der speziellen Bewegung (1.92) in bezug auf die Ruhelage dieser Bewegung (1.91).

D 1.22: Sei

$$x = (x_1, x_2, \ldots, x_n)^T \qquad (1.93)$$

ein n-dimensionaler Vektor und

$$a = (a_1, a_2, \ldots, a_m)^T \qquad (1.94)$$

ein m-dimensionaler Vektor. Ferner sei x ein in einer Umgebung $U(0)$ und für alle t definierter, von a und t stetig abhängender, für $a = 0$ identisch verschwindender Funktionsvektor. Dann ist

$$x = x(a, t) \qquad (1.95)$$

eine *spezielle Bewegung* im euklidischen Raum.

Die ungestörte Bewegung

$$x(t) = x(0, t) \equiv 0 \qquad (1.96)$$

heißt *Ruhelage der Bewegungen*, und die gestörte Bewegung

$$x(t) = x(a, t), \quad a \neq 0 \tag{1.97}$$

heißt *Störung der Ruhelage*. Insbesondere heißt

$$x^0 = x(a, t_0) \tag{1.98}$$

Anfangsstörung zum Zeitpunkt $t = t_0$.

B 1.15: Bei den Stabilitätsuntersuchungen in der Praxis kommt der Behandlung von Bewegungen, die durch Systeme von gewöhnlichen Differentialgleichungen beschrieben werden, eine besondere Bedeutung zu. Auch die Theorie ist hier am stärksten entwickelt. Im Mittelpunkt stehen dabei Systeme in kanonischer Form

$$\begin{aligned}
\dot{y}_1 &= G_1(y, t) \\
\dot{y}_2 &= G_2(y, t) \\
&\ \ \vdots \\
\dot{y}_n &= G_n(y, t)
\end{aligned} \tag{1.99}$$

bzw.

$$\dot{y}_i = G_i(y, t), \quad i = 1, 2, \ldots, n, \tag{1.100}$$

bzw. in vektorieller Schreibweise

$$\dot{y} = G(y, t). \tag{1.101}$$

Dabei bedeutet der Punkt über einer Größe jeweils deren totale Ableitung nach t, also $\dot{y} = \dfrac{\mathrm{d}y}{\mathrm{d}t}$.

Gibt man sich zum Zeitpunkt $t = t_0$ noch Anfangsbedingungen

$$y_i(t_0) = b_i \tag{1.102}$$

bzw.

$$y(t_0) = b \tag{1.103}$$

vor, und ist das Anfangswertproblem (1.101), (1.102) eindeutig lösbar, so ist durch die Lösung

$$y = y(t) = y(b, t_0, t) \qquad (1.104)$$

eine Bewegung im Sinne von D 1.21 definiert. Es ist hier lediglich der Parameter t_0 hinzugefügt worden, der den Zeitpunkt angibt, zu dem die Anfangsbedingung (1.103) zu erfüllen ist. Es gilt also insbesondere

$$y(b, t_0, t_0) = b. \qquad (1.105)$$

Auf dieser Grundlage können nun die Begriffe aus D 1.21 und D 1.22 wie ungestörte und gestörte Bewegung, Störung, Ruhelage usw. ohne weiteres übertragen werden.

Es sei hier noch erwähnt, daß auch allgemeinere Systeme von gewöhnlichen Differentialgleichungen auf Systeme in kanonischer Form (1.101) zurückgeführt werden können. So kann z. B. die explizite gewöhnliche Differentialgleichung

$$\overset{(n)}{y} = G(y, \dot{y}, \ddot{y}, \ldots, \overset{(n-1)}{y}, t)$$

mit den Anfangsbedingungen

$$y(t_0) = b_1, \dot{y}(t_0) = b_2, \ldots, \overset{(n-1)}{y}(t_0) = b_n$$

durch die Transformation

$$
\begin{aligned}
y &= y_1 \\
\dot{y} &= y_2 \\
\ddot{y} &= y_3 \\
&\ \vdots \\
\overset{(n-1)}{y} &= y_n
\end{aligned}
$$

auf die kanonische Form

$$
\begin{aligned}
\dot{y}_1 &= y_2 \\
\dot{y}_2 &= y_3 \\
&\ \vdots \\
\dot{y}_{n-1} &= y_n \\
\dot{y}_n &= G(y_1, y_2, \ldots, y_n, t)
\end{aligned}
$$

mit den Anfangsbedingungen

$$y_i(t_0) = b_i$$

gebracht werden. Ganz entsprechend können auch explizite Systeme von gewöhnlichen Differentialgleichungen beliebiger Ordnung auf die Form (1.101), (1.102) transformiert werden.

Im folgenden werden einige grundlegende Definitionen und Sätze angegeben, die Differentialgleichungen und durch sie erklärte Bewegungen betreffen.

D 1.23: Es seien y und b n-dimensionale Vektoren und $G(y, t)$ sei ein in einer Umgebung $U(b)$ und für alle t definierter Funktionsvektor. Dann ist durch

$$\dot{y} = G(y, t) \tag{1.106}$$

ein System gewöhnlicher Differentialgleichungen in kanonischer Form gegeben. Wenn im folgenden von Differentialgleichungen gesprochen wird, so ist immer ein solches System gemeint. Kommt zum System (1.106) noch eine Anfangsbedingung bei $t = t_0$

$$y(t_0) = b$$

hinzu, so spricht man von einem Anfangswertproblem. Solche Anfangswertprobleme brauchen im allgemeinen nicht eindeutig lösbar zu sein, sie können mehrere oder keine Lösungen haben.

Wir setzen im folgenden immer voraus, daß das Anfangswertproblem (1.106), (1.107) eine eindeutig bestimmte, stetig von b und t_0 abhängige Lösung besitzt und bezeichnen sie mit

$$y = y(t) = y(b, t_0, t). \tag{1.108}$$

Durch (1.108) ist dann eine Bewegung im euklidischen Raum gemäß D 1.21 definiert. Für ein festes $b = b^0$ ist dann die ungestörte Bewegung

$$y^0(t) = y(b^0, t_0, t) \tag{1.109}$$

und für $b \neq b^0$ die gestörte Bewegung (1.108) gegeben.
Es gilt insbesondere

$$y(b, t_0, t_0) = b. \tag{1.110}$$

D 1.24: Die Differentialgleichung (1.106) heißt *periodisch*, wenn $G(y, t)$ periodisch in t ist. Sie heißt *autonom*, wenn G nicht von t abhängt:

$$\dot{y} = G(y). \tag{1.111}$$

D 1.25: Ein Punkt $x = b^0$ heißt *Gleichgewichtslage* oder *singuläre Stelle* von (1.106), wenn gilt

$$y(b^0, t_0, t) \equiv b^0 \quad \text{für alle } t. \tag{1.112}$$

Ist b^0 singuläre Stelle und gibt es in einer Umgebung $U(b^0)$ keine weiteren singulären Stellen, so heißt b^0 *isolierte* singuläre Stelle.

B 1.16: Setzt man $n = 1$ und betrachtet das Anfangswertproblem

$$\dot{y} = y, \quad y(0) = b,$$

so lautet die allgemeine Lösung

$$y = be^t.$$

Daher ist $b = 0$ die einzige singuläre Stelle und ist daher isoliert. Dagegen hat das Anfangswertproblem

$$\dot{y} = 1, \quad y(0) = b$$

die allgemeine Lösung

$$y = b + t - t_0$$

und besitzt keine singuläre Stelle.
Das Anfangswertproblem

$$\dot{y} = 0, \quad y(0) = b$$

hat die allgemeine Lösung

$$y = b.$$

Hier ist jeder Punkt singuläre, aber nicht isolierte singuläre Stelle.

D 1.26: Seien $y(t) = y(b, t_0, t)$ und $y^0(t) = y(b^0, t_0, t)$ die durch (1.106) und (1.107) definierten gestörten und ungestörten Bewegungen. Dann erhält man durch Einführung der Störung

$$x(t) = y(t) - y^0(t) \qquad (1.113)$$

und der Anfangsstörung

$$x^0 = b - b^0 \qquad (1.114)$$

zunächst

$$x(t) = y(b, t_0, t) - y(b^0, t_0, t)$$
$$= y(b^0 + x^0, t_0, t) - y(b^0, t_0, z) \qquad (1.115)$$
$$= x(x^0, t_0, t).$$

Dem zur ungestörten Bewegung gehörenden Parametervektor $b = b^0$ entspricht dann

$$x^0 = 0 \qquad (1.116)$$

und der ungestörten Bewegung (1.109) die Ruhelage der Bewegung (1.115)

$$x = x(0, t_0, t) \equiv 0. \qquad (1.117)$$

Aus (1.115) erhält man zusammen mit (1.106) folgende Differentialgleichung für die Störung $x(t)$:

$$\dot{x} = \dot{y}(b, t_0, t) - \dot{y}(b^0, t_0, t)$$
$$= G(y(b, t_0, t), t) - G(y(b^0, t_0, t), t)$$
$$= G(y(b^0, t_0, t) + x, t) - G(y(b^0, t_0, t), t).$$

3 Schäfer

Dabei hängt der letzte Ausdruck nur von x und t ab:

$$\dot{x} = f(x, t). \tag{1.118}$$

Es gilt insbesondere

$$f(0, t) \equiv 0. \tag{1.119}$$

Die Anfangsbedingung lautet

$$x(t_0) = x^0 \tag{1.120}$$

und speziell für die ungestörte Bewegung

$$x(t_0) = 0. \tag{1.121}$$

Die Lösung von (1.118) und (1.120) lautet

$$x(t) = x(x^0, t_0, t). \tag{1.122}$$

Der ungestörten Bewegung entspricht die Lösung von (1.118) und (1.121)

$$x^0(t) = x(0, t_0, t) \equiv 0. \tag{1.123}$$

Diese Lösung wird als Ruhelage des Systems (1.118) bezeichnet. Die Ruhelage $x = 0$ ist also eine singuläre Stelle von (1.118). Wir setzen zusätzlich voraus, daß sie eine isolierte singuläre Stelle ist.

Wir brauchen im folgenden also nur Differentialgleichungen zu betrachten, die von der Form (1.118) sind und (1.119) erfüllen, wobei die ungestörte Bewegung die Ruhelage ist.

1.6. Diskrete Bewegungen im euklidischen Raum und gewöhnliche Differenzengleichungen

B 1.17: Neben stetigen Prozessen, denen Bewegungen im euklidischen Raum gemäß D 1.21, D 1.22 entsprechen, sind in der Praxis auch diskrete Prozesse (Stufenprozesse) von großer Bedeutung. Solche diskreten Prozesse werden analog zu D 1.21 durch einen von einem Parametervektor $b \in R^m$ abhängigen Zustandsvektor $y \in R^n$ beschrieben, der allerdings nicht von einem Parameter (Zeit) t stetig abhängt, sondern für die einzelnen Stufen $i = 0, 1, 2, \ldots$ definiert ist:

$$y^i = y^i(b), \quad i = 0, 1, 2, \ldots \tag{1.124}$$

Diese Beziehung kann auf die folgende äquivalente Form

$$y(i) = y(b, i), \quad i = 0, 1, 2, \ldots \tag{1.125}$$

bzw. auf die allgemeinere, (1.86) entsprechende Form

$$y = y(b, t), \quad t = t_0, t_0 + 1, t_0 + 2, \ldots \tag{1.126}$$

gebracht werden. Man spricht dann von einer diskreten Bewegung im euklidischen Raum. Die Beziehung (1.126) unterscheidet sich von (1.86) lediglich dadurch, daß t nur diskrete Werte $t_0 + i, i = 0, 1, 2, \ldots$, annehmen kann. Daher können die in D 1.21 und D 1.22 eingeführten Begriffe wie ungestörte Bewegung, gestörte Bewegung, Störung, Ruhelage, Anfangsstörung, Störung der Ruhelage unmittelbar auf diskrete Bewegungen übertragen werden.

D 1.27: Sei $b \in R^m$ ein Parametervektor und $y \in R^n$ ein in einer Umgebung $U(b^0)$ (D 1.3) und für $t = t_0, t_0 + 1, t_0 + 2, \ldots$ definierter von b stetig abhängiger Funktionsvektor. Dann heißt

$$y = y(b, t), \quad t = t_0, t_0 + 1, t_0 + 2, \ldots \tag{1.127}$$

diskrete Bewegung (im euklidischen Raum R^n).
Insbesondere heißt

$$y^0(t) = y(b^0, t), \quad t = t_0, t_0 + 1, t_0 + 2, \ldots \tag{1.128}$$

ungestörte diskrete Bewegung und

$$y(t) = y(b, t), \quad b \neq b^0, \quad t = t_0, t_0 + 1, \ldots \tag{1.129}$$

gestörte diskrete Bewegung.

3*

Die Differenz zwischen der gestörten und der ungestörten Bewegung

$$x(t) = y(t) - y^0(t) \qquad (1.130)$$

heißt *Störung*.

B 1.18: Ähnlich wie in B 1.14 bei stetigen Bewegungen kann auch bei diskreten Bewegungen durch Einführung des Störungsvektors

$$a = b - b^0 \qquad (1.131)$$

die Störung (1.130) in der Form

$$x = y(b^0 + a, t) - y(b^0, t) = x(a, t) \qquad (1.132)$$

erhalten werden. Die ungestörte Bewegung $(b = b^0,$ $a = 0)$ entspricht der Ruhelage der Störung

$$x = x^0(t) = x(0, t) = 0, \quad t = t_0, t_0 + 1, t_0 + 2, \dots. \qquad (1.133)$$

Man kann sich bei der Untersuchung von diskreten Bewegungen also auch hier auf die Untersuchung der speziellen Bewegung (1.132) beschränken.

D 1.28: Sei $a \in R^m$ ein Parametervektor und $x \in R^n$ ein in einer Umgebung $U(0)$ für $t = t_0, t_0 + 1, t_0 + 2, \dots$ definierter, von a stetig abhängender Funktionsvektor. Dann ist

$$x = x(a, t), \quad t = t_0, t_0 + 1, t_0 + 2, \dots \qquad (1.134)$$

ein *spezielle diskrete Bewegung* in euklidischem Raum. Die ungestörte Bewegung

$$x(t) = x(0, t) = 0, \quad t = t_0, t_0 + 1, t_0 + 2, \dots \qquad (1.135)$$

heißt *Ruhelage* dieser Bewegung, und die gestörte Bewegung

$$x(t) = x(a, t), \quad a \neq 0, \quad t = t_0, t_0 + 1, \dots \qquad (1.136)$$

heißt *Störung* der Ruhelage. Insbesondere heißt

$$x^0 = x(a, t_0) \qquad (1.137)$$

Anfangsstörung zum Zeitpunkt $t = t_0$.

B 1.19: Eine große Klasse diskreter Prozesse läßt sich durch Übergangsfunktionen in der Form

$$y^{i+1} = g^i(y^i), \quad i = 0, 1, 2, \ldots, \qquad (1.138)$$

$$y^0 = b \qquad (1.139)$$

beschreiben.

Die Übergangsfunktionen (1.138) können auch auf die folgende äquivalente Form

$$y(i + 1) = g(y(i), i), \quad i = 0, 1, 2, \ldots \qquad (1.140)$$

bzw. auf die allgemeinere Form

$$y(t + 1) = g(y(t), t), \quad t = t_0, t_0 + 1, \ldots \qquad (1.141)$$

gebracht werden. Das ist eine gewöhnliche Differenzengleichung in kanonischer Form. Mit der Bezeichnung

$$y = y(t), \quad \hat{y} = y(t + 1) \qquad (1.142)$$

nimmt die Differenzengleichung (1.141) eine der Differentialgleichung (1.99) — (1.101) sehr ähnliche Form

$$\hat{y} = g(y, t) \qquad (1.143)$$

an.

Durch diese Differenzengleichung werden bei der (1.139) entsprechenden Anfangsbedingung

$$y(t_0) = b \qquad (1.144)$$

diskrete Bewegungen im euklidischen Raum

$$y = y(t) = y(b, t_0, t), \quad t = t_0, t_0 + 1, \ldots \qquad (1.145)$$

definiert. Diese Bewegungen entsprechen den stetigen Bewegungen (1.104). Diese Analogie zwischen stetigen

und diskreten Bewegungen sowie zwischen Differential-
und Differenzengleichungen kommt in den folgenden
Definitionen und auch später bei den Stabilitätsuntersuchungen zum Ausdruck.

D 1.29: Es seien y und b n-dimensionale Vektoren und
$g(y, t)$ sei ein in einer Umgebung $U(b)$ und für $t = t_0$,
$t_0 + 1, t_0 + 2, \ldots$ definierter Funktionsvektor. Dann ist
durch

$$\hat{y} = g(y, t), \quad t = t_0, t_0 + 1, t_0 + 2, \ldots \quad (1.146)$$

mit

$$\hat{y} = y(t + 1) \quad (1.147)$$

ein System gewöhnlicher Differenzengleichungen in
kanonischer Form (Differenzengleichung) gegeben. Ist
zusätzlich eine Anfangsbedingung

$$y(t_0) = b \quad (1.148)$$

vorgegeben, so spricht man von einem *Anfangswertproblem.* Die Lösung dieses Anfangswertproblems, von
der wir im folgenden immer voraussetzen, daß sie existiert und stetig von b abhängt,

$$y = y(t) = y(b, t_0, t), \quad t = t_0, t_0 + 1, \ldots \quad (1.149)$$

definiert dann eine diskrete Bewegung im euklidischen
Raum. Für ein festes $b = b^0$ ist dann die ungestörte
diskrete Bewegung

$$y^0(t) = y(b^0, t_0, t), \quad t = t_0, t_0 + 1, \ldots \quad (1.150)$$

und für $b \neq b^0$ die gestörte Bewegung (1.149) gegeben.
Es gilt insbesondere

$$y(b, t_0, t_0) = b. \quad (1.151)$$

Die Differenzengleichung (1.146) heißt *autonom,* wenn g
nicht von t abhängt,

$$\hat{y} = g(y). \quad (1.152)$$

D 1.30: Seien $y(t) = y(b, t_0, t)$ und $y^0(t) = y(b^0, t_0, t)$ die
durch (1.149) und (1.150) definierten gestörten und unge-

störten diskreten Bewegungen. Dann erhält man durch Einführung der Störung

$$x(t) = y(t) - y^0(t) \qquad (1.153)$$

und der Anfangsstörung

$$x^0 = b - b^0$$

zunächst

$$\begin{aligned}
x(t) &= y(b, t_0, t) - y(b^0, t_0, t) \\
&= y(b^0 + x^0, t_0, t) - y(b^0, t_0, t) \qquad (1.154) \\
&= x(x^0, t_0\ t).
\end{aligned}$$

Dem Parameter $b = b^0$ entspricht hier

$$x^0 = 0 \qquad (1.155)$$

und der ungestörten Bewegung $y^0(t)$

$$x = x(0, t_0, t) = 0, \quad t = t_0, t_0 + 1, t_0 + 2, \ldots \quad (1.156)$$

Für die Störung $x(t)$ erhält man aus (1.154) zusammen mit (1.146) die Differenzengleichung

$$\begin{aligned}
\hat{x} &= \hat{y}(b, t_0, t) - \hat{y}(b^0, t_0, t) \\
&= g\big(y(b, t_0, t), t\big) - g\big(y(b^0, t_0, t), t\big) \\
&= g\big(y(b^0, t_0, t) + x, t\big) - g\big(y(b^0, t_0, t), t\big)
\end{aligned}$$

bzw.

$$\hat{x} = f(x, t) \qquad (1.157)$$

mit

$$f(0, t) = 0, \quad t = t_0, t_0 + 1, t_0 + 2, \ldots \quad (1.158)$$

Die Anfangsbedingung lautet

$$x(t_0) = x^0. \qquad (1.159)$$

Die Lösung des Anfangswertproblems (1.157), (1.159) ist die spezielle diskrete Bewegung

$$x(t) = x(x^0, t_0, t), \quad t = t_0, t_0 + 1, t_0 + 2, \ldots \quad (1.160)$$

Der ungestörten Bewegung entspricht die Anfangsbedingung

$$x(t_0) = x^0 = 0. \quad (1.161)$$

Die ungestörte Bewegung ist wegen (1.161) und (1.158)

$$x^0(t) = x(0, t_0, t) = 0, \quad t = t_0, t_0 + 1, \ldots \quad (1.162)$$

die Ruhelage der Differenzengleichung (1.157). Im folgenden braucht also nur noch die Ruhelage von Differenzengleichungen der Form (1.157) mit (1.158) untersucht zu werden.

1.7. Dynamische Systeme

B 1.20: SUBOW [8] hat eine Stabilitätstheorie auf der Grundlage der Theorie dynamischer Systeme aufgebaut. Sie stellt eine Verallgemeinerung der Stabilitätstheorie für gewöhnliche Differentialgleichungen dar. Viele Sätze der Stabilitätstheorie lassen sich damit eleganter und allgemeiner formulieren. Insbesondere läßt sich einer autonomen Differentialgleichung (D 1.24) ein dynamisches System in einfacher Weise zuordnen und dabei ein Verfahren zur Konstruktion des Einzugsbereichs der Ruhelage entwickeln, das für praktische Belange große Bedeutung hat. In diesem Abschnitt werden zunächst die wichtigsten Grundbegriffe im Zusammenhang mit dynamischen Systemen eingeführt.

D 1.31: Eine n-dimensionale Vektorfunktion $y(x, t)$ im Phasenraum (D 1.2) definiert ein *dynamisches System*, wenn folgende Bedingungen erfüllt sind:

1. $y(x, t)$ ist für alle $x \in R^n$ und alle reellen $t(-\infty < t < \infty)$ stetig.

2. Es gilt $y(x, 0) = x$. (1.163)

3. Es gilt für alle x, t_1, t_2

$$y\big(y(x, t_1), t_2\big) = y(x, t_1 + t_2).$$ (1.164)

Die Menge aller Punkte $y(x, t)$ des Phasenraumes bei festem x heißt *Trajektorie* des dynamischen Systems.

B 1.21: Wegen (1.164) bilden die Trajektorien eines dynamischen Systems eine Kurvenschar, die den Phasenraum schlicht überdeckt. In Abb. 1.1 ist dieser Sachverhalt graphisch dargestellt, während in Abb. 1.2 der Fall dargestellt ist, wo kein dynamisches System wegen der Verletzung von (1.164) vorliegt.

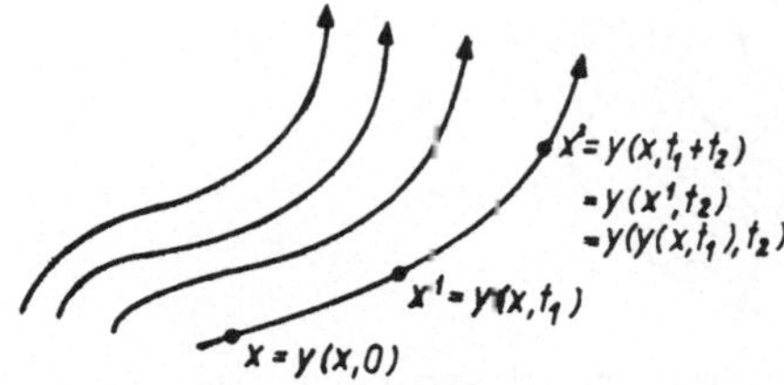

Abb. 1.1. Trajektorien eines dynamischen Systems

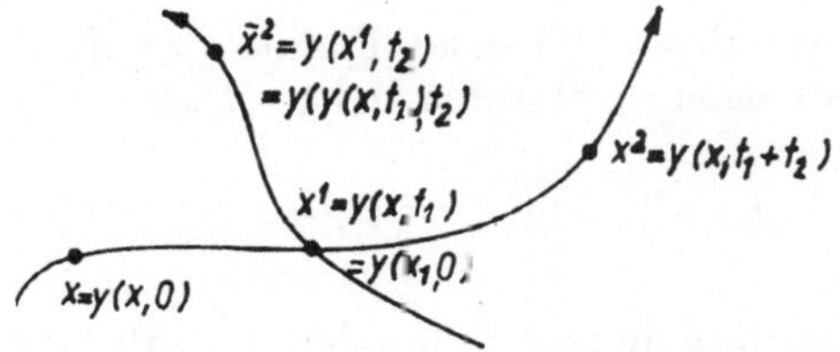

Abb. 1.2. Beispiel für den Fall, daß kein dynamisches System vorliegt

In der folgenden Definition wird der Begriff der invarianten Menge eines dynamischen Systems eingeführt, der eine Verallgemeinerung des Punktes im Phasenraum bei gewöhnlichen Bewegungen darstellt. Dann wird der Begriff der Umgebung (D 1.3) von Punkten auf invariante

Mengen ausgedehnt. Dazu ist der Begriff des Abstandes eines Punktes von einer invarianten Menge notwendig.

In einem abschließenden Satz wird dann der in B 1.20 erwähnte Zusammenhang zwischen dynamischen Systemen und Bewegungen, die durch Differentialgleichungen beschrieben werden (D 1.26), hergestellt.

D 1.32: Eine Punktmenge $M \subset R^n$ des Phasenraumes heißt *invariante Menge* des dynamischen Systems $y(x, t)$, wenn sie nur aus Trajektorien von $y(x, t)$ besteht (Abb. 1.3).

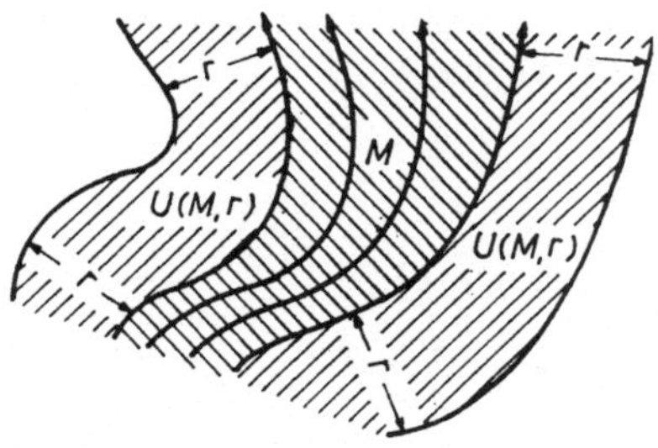

Abb. 1.3. Umgebung einer invarianten Menge: \\\-invariante Menge M, ///-Umgebung $U(M, r)$

D 1.33: Der Abstand $\varrho(x, M)$ eines Punktes $x \in R^n$ des Phasenraumes von einer invarianten Menge M ist gegeben durch

$$\varrho(x, M) = \inf_{z \in M} |x - z|, \qquad (1.165)$$

also durch die größte untere Schranke der Abstände (D 1.1) aller Punkte z aus M von x.

Unter der Umgebung $U(M, r)$ einer invarianten Menge M versteht man die Menge aller Punkte $x \in R^n$ des Phasenraumes, deren Abstand von M echt zwischen 0 und r liegt (Abb. 1.3):

$$U(M, r) = \{x \in R^n : 0 < \varrho(x, M) < r\}. \qquad (1.166)$$

§ 1.10: Ist M eine invariante Menge des dynamischen Systems $y(x, t)$, so ist mit $x \in M$ auch $y(x, t) \in M$ für alle t (wegen (1.164) und D 1.32).

§ 1.11: Sind die Lösungen $y(x, t)$ des Anfangswertproblems eines autonomen Systems

$$\dot{y} = f(y), \quad y(0) = x \tag{1.167}$$

für alle t definiert, so ist durch diese Lösungen ein dynamisches System definiert. Ist $y(x, t)$ nicht für alle t definiert, so führt man die Bogenlänge s der Trajektorien gemäß

$$\dot{s} = (1 + |f|)^{1/2} \tag{1.168}$$

anstelle des Parameters t ein und erhält so ein dynamisches System $y(x, s)$. Verfährt man bei nichtautonomen Differentialgleichungen entsprechend, so erhält man ein dynamisches System im Bewegungsraum (D 1.2).

1.8. Bewegungen in metrischen Räumen und partielle Differentialgleichungen

B 1.22: Bei technischen Systemen, die durch partielle Differentialgleichungen (Systeme mit verteilten Parametern) oder andere Funktionalgleichungen beschrieben werden, treten im instationären Fall Lösungen $y(b, t)$ auf, die formal den Bewegungen im euklidischen Raum analog sind (D 1.21). Hier ist t, wie bei Bewegungen im euklidischen Raum die Zeit bzw. ein reeller Parameter, der als Zeit interpretiert wird. Der Vektor y hängt aber außer vom Parametervektor b und von t noch von Raumkoordinaten $u_1, u_2, \ldots, u_m$, die zum Vektor u zusammengefaßt werden, ab. Daher ist y nicht mehr ein Element des euklidischen Raumes R^n, sondern y muß hier nach Einführung einer geeigneten Metrik als Element eines metrischen Raumes M (D 1.11) aufgefaßt werden. Der Parametervektor t entspricht der Anfangsbedingung zum

Zeitpunkt $t = t_0$ und ist ebenfalls ein Vektor von Funktionen der Raumkoordinaten und daher ein Element von M. Im vorliegenden Abschnitt werden daher solche Bewegungen in metrischen Räumen betrachtet. Dabei wird b zunächst als Element eines anderen metrischen Raumes N mit einer entsprechenden Metrik aufgefaßt. Da der euklidische Raum ein spezieller metrischer Raum mit der speziellen euklidischen Metrik (1.3) ist und sich ferner die diskreten Bewegungen (D 1.27) von den stetigen nur dadurch unterscheiden, daß dort der Parameter t nur die diskreten Werte $t_0, t_0 + 1, \ldots$ annehmen kann, werden alle diese Bewegungsarten zum Begriff der allgemeinen Bewegung zusammengefaßt. Anschließend werden Bewegungen betrachtet, die durch partielle Differentialgleichungen beschrieben werden.

D 1.34: Seien M und N zwei metrische Räume mit den Metriken ϱ und σ (D 1.11). Sei ferner $b \in N$ ein Parameterelement, $t \in R^1$ ein reeller Parameter und $y \in M$ ein in einer Umgebung $U(b^0)$ von b^0 und für alle t definierter und stetiger Operator (D 1.15), dann heißt

$$y = y(b, t) \qquad (1.169)$$

Bewegung im metrischen Raum. Insbesondere heißt

$$y^0(t) = y(b^0, t) \qquad (1.170)$$

ungestörte Bewegung und (1.169) für $b \neq b^0$ *gestörte Bewegung.*

D 1.35: Sind M und N insbesondere normierte Räume (D 1.17), so heißt die Bewegung (1.169) *Bewegung im normierten Raum.* Die Differenz zwischen gestörter und ungestörter Bewegung

$$x(t) = y(t) - y^0(t) \qquad (1.171)$$

heißt *Störung.*

B 1.23: Ähnlich wie in B 1.14 bei Bewegungen im euklidischen Raum kann im normierten Raum durch Einführung des Störungselements $a = b - b^0$ gezeigt werden, daß die Störung eine spezielle Bewegung im normierten Raum ist

$$x(t) = x(a, t). \tag{1.172}$$

Auch hier entspricht der ungestörten Bewegung $(b = b^0)$ das Störungselement $a = 0$ und die Ruhelage von (1.172)

$$x^0(t) = x(0, t) \equiv 0. \tag{1.173}$$

Es ist hier zu berücksichtigen, daß bei $a = 0$ und $x = 0$ Nullelemente von im allgemeinen verschiedenen normierten Räumen vorliegen.

Die Untersuchung von Bewegungen in normierten Räumen kann also auch hier auf die Untersuchung der speziellen Bewegung (1.172) bezüglich ihrer Ruhelage (1.173) zurückgeführt werden.

D 1.36: Seien M und N normierte Räume, $a \in N$ ein Parameterelement, $t \in R^1$ ein reeller Parameter und $x \in M$ ein in einer Umgebung $U(0)$ von $a = 0$ und für alle t stetiger, für $a = 0$ identisch verschwindender Operator, dann ist

$$x = x(a, t) \tag{1.174}$$

eine *spezielle Bewegung* im normierten Raum. Die ungestörte Bewegung

$$x(t) = x(0, t) \equiv 0 \tag{1.175}$$

heißt *Ruhelage* der Bewegung, und die gestörte Bewegung (1.174) für $a \neq 0$ heißt *Störung* der Ruhelage. Insbesondere heißt

$$x^0 = x(a, t_0) \tag{1.176}$$

Anfangsstörung zum Zeitpunkt $t = t_0$.

D 1.37: Werden in D 1.34 — D 1.36 für t nur diskrete Werte $t = t_0, t_0 + 1, t_0 + 2, \ldots$ zugelassen, wobei selbstverständlich die stetige Abhängigkeit der Operatoren y bzw. x von t nicht mehr zu fordern ist, so entstehen diskrete Bewegungen in metrischen bzw. normierten Räumen. Wir wollen im folgenden von einer *allgemeinen Bewegung* sprechen, wenn es sich um eine Bewegung im normierten Raum handelt, wobei offen gelassen wird, ob es sich um eine stetige oder diskrete Bewegung handelt. Insbesondere fallen auch die stetigen und diskreten Bewegungen im euklidischen Raum unter den Begriff allgemeine Bewegung, da der euklidische Raum ein spezieller normierter Raum mit der speziellen euklidischen Norm ist (B 1.11).

Bei allgemeinen Bewegungen beziehen sich dann solche Aussagen wie $t \geqq t_0$ oder $t \to \infty$ entweder auf alle t oder nur auf $t = t_0, t_0 + 1, \ldots$, je nachdem, ob es sich um stetige oder diskrete Bewegungen handelt.

B 1.24: Wie bereits in B 1.22 bemerkt, werden eine Reihe von für die Praxis wichtigen Bewegungen durch partielle Differentialgleichungen beschrieben. Wir bezeichnen hier wie bei den gewöhnlichen Differentialgleichungen (D 1.21) mit

$$y = (y_1, y_2, \ldots, y_n)^T \tag{1.177}$$

den Vektor der gesuchten abhängigen Veränderlichen. Als unabhängige Veränderliche treten außer der „Zeit" t hier noch „Raumkoordinaten" u_i auf, die zum Vektor

$$u = (u_1, u_2, \ldots, u_m)^T \tag{1.178}$$

zusammengefaßt werden. Zu ermitteln ist dann die Vektorfunktion

$$y = y(t, u). \tag{1.179}$$

Wir bezeichnen hier gemäß D 1.4 und D 1.5 mit

$$y_t = \frac{\partial y}{\partial t} \tag{1.180}$$

den Vektor der partiellen Ableitungen der y_i nach t und mit

$$y_{u^k} = \frac{\partial^k y}{\partial u^k}, \quad k = 1, 2, 3, \ldots \qquad (1.181)$$

die Gesamtheit der k-ten partiellen Ableitungen aller y_i nach allen u_j. Wir betrachten hier ähnlich wie bei gewöhnlichen Differentialgleichungen nur explizite partielle Differentialgleichungen, die von erster Ordnung in t sind,

$$y_{it} = g_i(t, u, y, y_u, y_{u^2}, \ldots, y_{u^k}), \qquad (1.182)$$

$$i = 1, 2, \ldots n$$

bzw. in Vektorschreibweise

$$y_t = g(t, u, y, y_u, y_{u^2}, \ldots y_{u^k}). \qquad (1.183)$$

In der Praxis treten die Ableitungen nach u dabei in der Regel nur bis zur Ordnung $k = 2$ auf.

Der Funktionsvektor $y(t, u)$ wird als Lösung der partiellen Differentialgleichung (1.183) für alle u eines Bereichs $U \subseteq R^m$ mit dem Rand $\overline{U}$ und für alle $t \geqq t_0$ gesucht, wobei noch Randbedingungen auf $\overline{U}$ und eine Anfangsbedingung

$$y(t_0, u) = b(u), \quad u \in U \qquad (1.184)$$

für $t = t_0$ zu erfüllen sind. Während die Randbedingungen in jedem Falle als fixiert zu betrachten sind, wird die Anfangsbedingung als Störung von $b^0(u)$ aufgefaßt. Wir setzen grundsätzlich voraus, daß das vorgelegte Anfangsrandwertproblem eine eindeutig bestimmte, von t, u und b stetig abhängige und hinreichend oft differenzierbare Lösung besitzt.

Faßt man nun $y(t, u)$ als ein von t abhängiges Element $y = y(t)$ eines normierten metrischen Raumes auf, wobei als Norm (vgl. B 1.11) z. B. gewählt werden kann

$$\|y\| = \left\{ \int\limits_U y^T y \, \mathrm{d}u \right\}^{1/2} \tag{1.185}$$

oder

$$\|y\| = \sum_{i=1}^{n} \int\limits_U |y_i| \, \mathrm{d}u \tag{1.186}$$

oder

$$\|y\| = \max_{\substack{1 \leq i \leq n \\ u \in U}} |y_i|, \tag{1.187}$$

so wird durch die Lösung des vorliegenden Anfangsrand-
wertproblems

$$y = y(t) = y(b, t_0, t) \tag{1.188}$$

eine Bewegung in normierten Raum definiert mit

$$y^0(t) = y(b^0, t_0, t) \tag{1.189}$$

als ungestörter Bewegung. Für $b(u) \neq b^0(u)$ stellt dann
(1.188) die gestörte Bewegung dar.

Führt man wie bei dem gewöhnlichen Differentialgleichungen (D 1.16) die Substitution

$$x^0 = b - b^0 \tag{1.190}$$

durch, so erhält man die Störung

$$x = y(b, t_0, t) - y(b^0, t_0, t) = x(x^0, t_0, t) \tag{1.191}$$

als D 1.36 entsprechende spezielle Bewegung im normierten Raum mit

$$x = x(0, t_0, t) \equiv 0 \tag{1.192}$$

als ungestörter Bewegung bzw. Ruhelage, die

$$x^0 = 0 \quad (x^0(u) \equiv 0, \quad u \in U) \tag{1.193}$$

entspricht.

$$x = x(x^0, t_0, t) \qquad (1.194)$$

ist dabei die Lösung einer partiellen Differentialgleichung der Form

$$x_t = f(t, u, x, x_u, \ldots, x_{u^k}) \qquad (1.195)$$

mit der Anfangsbedingung

$$x(t_0, u) = x^0(u) \qquad (1.196)$$

und einer entsprechend fixierten Randbedingung.

$$x = x(t, u) \equiv 0, \quad u \in U, \quad t \geq t_0 \qquad (1.197)$$

heißt dann *Ruhelage* von (1.195). Man kann also auch bei partiellen Differentialgleichungen die Untersuchungen auf die Untersuchung von (1.195), (1.196) bezüglich der Ruhelage (1.197) zurückführen.

D 1.38: Sei $t \in R^1$ ein reeller Parameter (Zeit) und

$$u = (u_1, u_2, \ldots, u_m)^T \in R^m \qquad (1.198)$$

der Vektor der „Raumkoordinaten".

$$x = x(t, u) = (x_1, x_2, \ldots, x_n)^T \in R^n \qquad (1.199)$$

sei ein Funktionsvektor.

Für x sei ein System von partiellen Differentialgleichungen gegeben:

$$x_t = f(t, u, x, x_u, x_{u^2}, \ldots, x_{u^k}), \qquad (1.200)$$

wobei f von allen Variablen stetig abhängt. Ferner liege eine Anfangsbedingung

$$x(t_0, u) = x^0(u), \quad u \in U \subset R^m \qquad (1.201)$$

neben gewissen Randbedingungen auf dem Rand $\overline{U}$ von U vor. x^0 sei Element eines normierten Raumes.

4 Schäfer

Das vorliegende Problem habe eine eindeutig bestimmte stetige Lösung

$$x = x(x^0, t_0, t), \quad t \geqq t_0, \tag{1.202}$$

mit den Eigenschaften

$$x(x^0, t_0, t_0) = x^0 \tag{1.203}$$

$$x(0, t_0, t) \equiv 0, \quad t \geqq t_0. \tag{1.204}$$

Dann wird durch (1.202) eine Bewegung im normierten Raum (D 1.35) definiert. Der ungestörten Bewegung für $x^0 = 0$ entspricht die Ruhelage (1.204).

Wir nennen (1.202) eine durch die partielle Differentialgleichung (1.200) definierte Bewegung im normierten Raum und (1.204) Ruhelage der Differentialgleichung.

1.9. Allgemeine Systeme

B 1.25: Eine ähnliche Rolle wie das dynamische System bezüglich der gewöhnlichen Differentialgleichungen spielt das allgemeine System im Hinblick auf partielle Differentialgleichungen. Die Theorie der allgemeinen Systeme (SUBOW [8]) stellt nicht nur eine Verallgemeinerung der Stabilitätstheorie partieller Differentialgleichungen dar, viele Stabilitätssätze lassen sich auch hier eleganter als Sätze über allgemeine Systeme formulieren.

D 1.39: Sei X ein normierter Raum und

$$y = y(x, t_0, t) \tag{1.205}$$

eine nichtleere Menge aus X, die jedem $x \in X$, $t_0 \geqq 0$, $t \geqq t_0$ zugeordnet ist.

Diese zweiparametrige Abbildung von X auf sich selbst heißt *allgemeines System*, wenn folgende Bedingungen erfüllt sind.

1. $\lim\limits_{t \to t_0 + 0} y(x, t_0, t) = x.$ \hfill (1.206)

2. Für $t_0 < t_1 \leqq t$ \hfill (1.207)

gilt

$$\bigcup_{x^1 \in y(x,t_0,t_1)} y(x^1, t_1, t) = y(x, t_0, t). \tag{1.208}$$

Die Menge

$$\bigcup_{t \geq t_0} y(x, t_0, t) \tag{1.209}$$

heißt *Trajektorie* des allgemeinen Systems.

B 1.26: Die wesentliche Verallgemeinerung gegenüber dem dynamischen System (D 1.31) besteht beim allgemeinen System darin, daß jedem x, t_0, t eine Menge $y(x, t_0, t) \subseteq X$ zugeordnet wird. Schrumpft diese Menge auf ein Element $y(x, t_0, t)$ zusammen, so wäre (1.208) äquivalent mit

$$y\big(y(x, t_0, t_1), t_1, t\big) = y(x, t_0, t). \tag{1.210}$$

Setzt man noch $t_0 = C$, so daß t_0 nicht als Parameter zu berücksichtigen ist und damit $y = y(x, t)$ gilt, ist (1.210) formal gleich (1.164), und man kommt so zu einem dynamischen System im normierten Raum.

D 1.40: Wird jedem $x \in X$ eines normierten Raumes für alle t ein stetiger Operator

$$y = y(x, t) \in X \tag{1.211}$$

zugeordnet, der folgende Bedingungen erfüllt:

$$1.\; y(x, 0) = x, \tag{1.212}$$

$$2.\; y\big(y(x, t_1), t_2\big) = y(x, t_1 + t_2), \tag{1.213}$$

dann heißt (1.211) *dynamisches System im normierten Raum.*

D 1.41: Eine Menge $M \subseteq X$ heißt *invariante Menge* des allgemeinen Systems $y(x, t_0, t)$, wenn sie nur aus Trajektorien besteht.

D 1.42: Der Abstand $\varrho(x, M)$ eines Elements $x \in X$ von einer invarianten Menge $M \subseteq X$ ist gegeben durch

$$\varrho(x, M) = \inf_{z \in M} \|x - z\|. \tag{1.214}$$

4*

Unter der Umgebung $U(M, r)$ einer invarianten Menge M versteht man

$$U(M, r) = \{x \in X : 0 < \varrho(x, M) < r\}. \quad (1.215)$$

Unter dem Abstand $\varrho\big(y(x, t_0, t), M\big)$ einer Menge $y(x, t_0, t)$ von der invarianten Menge M versteht man

$$\varrho\big(y(x, t_0, t), M\big) = \sup_{z \in y(x, t_0, t)} \varrho(z, M). \quad (1.216)$$

§ 1.11: Die Bewegung im normierten Raum (1.202), die durch die partielle Differentialgleichung (1.200) gegeben ist, definiert ein allgemeines System mit $x = 0$ mit als invarianter Menge.

1.10. Differential-Differenzengleichungen

B 1.27: Mit gewöhnlichen Differentialgleichungen (D 1.23)

$$\dot{y} = G(y, t)$$

oder ausführlicher

$$\dot{y}(t) = G\big(y(t), t\big)$$

werden zeitlich veränderliche Prozesse beschrieben, bei denen die Ableitung $\dot{y}(t)$ des Ortsvektors $y(t)$ zum Zeitpunkt t außer von t nur vom Ortsvektor $y(t)$ zum gleichen Zeitpunkt t abhängt. Es treten in der Praxis aber auch eine Reihe von Prozessen auf, bei denen $\dot{y}(t)$ von Werten des Ortsvektors y zu früheren Zeitpunkten $t_i \leq t$ abhängt. Läßt man dabei nur endlich viele frühere Zeitpunkte zu, so wäre $\dot{y}(t)$ eine Funktion von

$$
\begin{aligned}
&y_1(t - s_{11}), \quad y_1(t - s_{12}), \ldots, y_1(t - s_{1m}) \\
&y_2(t - s_{21}), \quad y_2(t - s_{22}), \ldots, y_2(t - s_{2m}) \\
&\;\;\vdots \\
&y_n(t - s_{n1}), \quad y_n(t - s_{n2}), \ldots, y_n(t - s_{nm}).
\end{aligned}
$$

Faßt man diese Werte zur Matrix

$$Y = (y_{ij}) = (y_i(t - s_{ij})), \quad i = 1, 2, \ldots, n, \quad (1.217)$$
$$j = 1, 2, \ldots, m$$

zusammen, so erhält man eine Differential-Differenzengleichung

$$\dot{y} = G(Y, t). \quad (1.218)$$

Die Spannen s_{ij} können dabei sogar Funktionen der Zeit sein,

$$s_{ij} = s_{ij}(t), \quad (1.219)$$

und werden daher auch Verzögerungsfunktionen genannt. Sie werden als stückweise stetig und gleichmäßig beschränkt vorausgesetzt:

$$0 \leqq s_{ij}(t) \leqq s_j \leqq s, \quad t \geqq 0. \quad (1.220)$$

Um die Eindeutigkeit der Lösung von (1.218) für $t \geqq t_0 \geqq s$ zu sichern, genügt es nicht, wie bei Differential- oder Differenzengleichungen den Funktionsvektor $y(t)$ zum Zeitpunkt $t = t_0$ vorzugeben, sondern man benötigt hier den Funktionsvektor $y(t)$ im Vorlaufintervall $t_0 - s \leqq t \leqq t_0$. Wir wollen diesen Vorlaufvektor als stetig und beschränkt voraussetzen. Der Vorlaufvektor ist also ein stetiger und beschränkter Funktionsvektor

$$v = v(t), \quad t_0 - s \leqq t \leqq t_0, \quad (1.221)$$

und man legt fest

$$y(t) = v(t), \quad t_0 - s \leqq t \leqq t_0; \quad (1.222)$$

von der Lösung $y(t)$, $t \geqq t_0$ der Differential-Differenzengleichung (1.218) wird zusätzlich die Anfangsbedingung

$$y(t_0) = v(t_0) \quad (1.223)$$

gefordert.

Es wird hier und im folgenden die Klasse der Funktionen $G(Y, t)$ in (1.218) so eingeschränkt, daß die Lösung von (1.218) unter den Bedingungen (1.222) und (1.223) existiert und eindeutig bestimmt ist.

Diese Lösung hängt dann außer von t und dem Anfangszeitpunkt t_0 noch vom Vektor der Vorlauffunktionen $v(t)$ ab und ist damit ein Operator. Führt man noch eine Norm etwa durch

$$\|v(t)\| = \max_{\substack{1 \leq i \leq n \\ 0 \leq \tau \leq s}} |v_i(t - \tau)| \qquad (1.224)$$

ein, dann ist der Vorlaufvektor (1.221) ein von t_0 abhängendes Element eines normierten Raumes, welches hier mit $b(t_0)$ bezeichnet werden soll.
Es ist also

$$\|b(t_0)\| = \max_{\substack{1 \leq i \leq n \\ t_0 - s \leq t \leq t_0}} |v_i(t)| . \qquad (1.225)$$

Die Lösung $y(t)$ der Differential-Differenzengleichung (1.218) unter den Bedingungen (1.222) und (1.223) ist dann ein Operator

$$y = y(t) = y\big(b(t_0), t_0, t\big) \qquad (1.226)$$

und damit eine Bewegung im normierten Raum (D 1.36).

Allerdings wird durch (1.226) kein allgemeines System (D 1.39) definiert, weil schon bei einfachen Differential-Differenzengleichungen nicht alle bei $t_1 > t_0$ beginnenden Trajektorien Fortsetzungen der bei t_0 beginnenden Lösungen zu sein brauchen [18]. Das hat u. a. zur Folge, daß später der Stabilitätsbegriff bei Differential-Differenzengleichungen wesentlich anders gefaßt werden muß als bei anderen Bewegungen.

Es sei noch bemerkt, daß die Norm (1.224) bzw. (1.225) auch für die durch (1.226) definierte Lösung der Differential-Differenzengleichung übernommen wird.

$$\|y\big(b(t_0), t_0, t\big)\| = \max_{\substack{1 \leq i \leq n \\ 0 \leq \tau \leq s}} |y_i\big(b(t_0), t_0, t - \tau\big)| . \qquad (1.227)$$

Ähnlich wie bei anderen Bewegungen wird auch hier durch ein fixiertes $b(t_0) = b^0(t_0)$ eine ungestörte Bewegung definiert und für $b(t_0) \neq b^0(t_0)$ eine gestörte Bewegung. Die Störung

$$x = x(t) = x(a(t_0), t_0, t)$$
$$= y(b(t_0), t_0, t) - y(b^0(t_0), t_0, t) \qquad (1.228)$$

und

$$a(t_0) = b(t_0) - b^0(t_0) \qquad (1.229)$$

genügt dann einer Differential-Differenzengleichung der Form

$$\dot{x} = f(X, t) \qquad (1.230)$$

und

$$f(0, t) = 0 \qquad (1.231)$$

beim Vorlaufvektor $v(t) - v^0(t)$ und der Anfangsbedingung

$$x(t_0) = v(t_0) - v^0(t_0). \qquad (1.232)$$

Dabei ist die Matrix X entsprechend (1.217) definiert, durch

$$X = (x_{ij}) = (x_i(t - s_{ij})). \qquad (1.233)$$

Der ungestörten Bewegung für $b(t_0) = b^0(t_0)$ entspricht $a(t_0) = 0$ und die dazugehörige Lösung

$$x(0, t_0, t) \equiv 0, \quad t \geq t_0 \qquad (1.234)$$

ist die Ruhelage von (1.230). Wir formulieren die Probleme bei Differential-Differenzengleichungen im folgenden nur für (1.230).

D 1.43: Seien $x(t)$ ein von der Zeit t abhängiger Ortsvektor des R^n und

$$s_{ij} = \varepsilon_{ij}(t), \quad t \geq 0, \quad i = 1, 2, \ldots, n, \qquad (1.235)$$
$$j = 1, 2, \ldots m,$$

stückweise stetige und beschränkte Funktionen

$$0 \leqq s_{ij}(t) \leqq s_j \leqq s, \qquad\qquad (1.236)$$

die *Spannen* oder *Verzögerungsfunktionen* genannt werden. Faßt man die Funktionen

$$x_{ij} = x_i(t - s_{ij}), \quad i = 1, 2, \ldots n, \qquad (1.237)$$

$$j = 1, 2, \ldots m,$$

zur Matrix

$$X = (x_{ij}) \qquad\qquad (1.238)$$

zusammen, so stellt

$$\dot{x} = f(X, t) \qquad\qquad (1.239)$$

eine Differential-Differenzengleichung dar. Ein stetiger und beschränkter Funktionsvektor

$$v = v(t) \qquad\qquad (1.240)$$

wird als Element eines normierten Raumes (D 1.17) mit der Norm

$$\|v(t)\| = \max_{\substack{1 \leqq i \leqq n \\ 0 \leqq \tau \leqq s}} |v_i(t - \tau)| \qquad\qquad (1.241)$$

aufgefaßt. Insbesondere wird ein solcher Funktionsvektor, wenn er für $t_0 - s \leqq t \leqq t_0$ definiert ist, mit $a(t_0)$ bezeichnet und *Vorlaufvektor* genannt. Es gilt also

$$\|a(t_0)\| = \max_{\substack{1 \leqq i \leqq n \\ s - t_0 \leqq t \leqq t_0}} |v_i(t)|. \qquad\qquad (1.242)$$

Wir setzen im folgenden immer voraus, daß $f(X, t)$ in (1.239) so beschaffen ist, daß die Lösung von (1.239) unter der Anfangsbedingung

$$x(t_0) = v(t_0) \qquad\qquad (1.243)$$

und bei vorgegebenem Vorlauf

$$x(t) = v(t), \quad t_0 - s \leqq t \leqq t_0 \qquad (1.244)$$

eine eindeutig bestimmte Lösung

$$x = x(t) = x\big(a(t_0),\, t_0,\, t\big) \qquad (1.245)$$

besitzt. Die Lösung wird also als ein von t_0 und t abhängiger Operator von $a(t_0)$ gewonnen, wobei auch hier die Norm (1.241) verwendet wird:

$$\|x\big(a(t_0),\, t_0,\, t\big)\| = \max_{\substack{1 \leq i \leq n \\ 0 \leq \tau \leq s}} |x_i\big(a(t_0),\, t_0,\, t - \tau\big)|. \qquad (1.246)$$

Wir setzen im folgenden weiter voraus, daß immer

$$f(0,\, t) = 0 \qquad (1.247)$$

gilt und daß die Lösung von (1.239) für $a(t_0) = 0$ immer die Ruhelage

$$x = x^0(t) = x(0,\, t_0,\, t) \equiv 0 \qquad (1.248)$$

ist.

2. Stabilitätsbegriffe

2.1. Stabilität der Bewegungen

B 2.1: Durch die Einführung des Begriffs der allgemeinen Bewegung (D 1.37) ist es möglich, sowohl diskrete als auch stetige Bewegungen im euklidischen Raum und in normierten Räumen unter einem einheitlichen Gesichtspunkt zu behandeln. Alle diese Bewegungen werden formal in gleicher Weise beschrieben:

$$y = y(t) = y(b,\, t).$$

Dabei sind b und y Elemente von normierten Räumen mit Normen $\|y\|$ und $\|b\|$, wobei zu berücksichtigen ist, daß diese beiden Normen in völlig unterschiedlicher Weise definiert sein können, weil es sich um verschiedene Räume handeln kann. Bei Bewegungen in euklidischen

Räumen ($y \in R^n$, $b \in R^m$) ist unter $\|y\|$ und $\|b\|$ der gewöhnliche euklidische Abstand $|y|$ und $|b|$ (D 1.1) zu verstehen. Bei stetigen Bewegungen durchläuft t alle Werte $t \geqq t_0$, bei diskreten Bewegungen lediglich die Werte $t_0, t_0 + 1$, $t_0 + 2, \ldots$

Der Stabilitätsbegriff ist bei stetigen Bewegungen im euklidischen Raum recht anschaulich und wird formal auf allgemeinere Bewegungen ausgedehnt. Man nennt eine ungestörte Bewegung $y = y(b^0, t)$ stabil in bezug auf t_0 und eine Umgebung $U(b^0)$, wenn für kleine Anfangsabweichungen $y(b, t_0) - y(b^0, t_0)$ die Störung $y(b, t) - y(b^0, t)$ für alle $t \geq t_0$ klein bleibt; das soll heißen, die Störung kann beliebig klein gemacht werden, wenn nur die Anfangsstörung klein genug gewählt wird. Die Bewegung $y(b^0, t)$ heißt insbesondere *asymptotisch stabil*, wenn die Störung für $t \to \infty$ auf 0 abklingt, sie heißt *instabil*, wenn sie nicht stabil ist. Im folgenden werden diese und einige weitere grundlegende Stabilitätsbegriffe streng definiert und in Bemerkungen erläutert.

D 2.1: Eine ungestörte allgemeine Bewegung (D 1.37)

$$y = y(b^0, t) \tag{2.1}$$

heißt *stabil* (in bezug auf t_0 und eine Umgebung $U(b^0)$ des zur ungestörten Bewegung gehörenden Elements b^0), wenn zu jedem (noch so kleinen) $\varepsilon > 0$ ein von ε und t_0 abhängiges $\delta(\varepsilon, t_0) > 0$ derart existiert, daß

$$\|y(b, t) - y(b^0, t)\| < \varepsilon, \quad t \geqq t_0 \tag{2.2}$$

gilt für alle b mit

$$\|y(b, t_0) - y(b^0, t_0)\| < \delta(\varepsilon, t_0). \tag{2.3}$$

D 2.2: Eine ungestörte allgemeine Bewegung $y = y(b^0, t)$ heißt *gleichmäßig stabil*, wenn sie stabil ist und δ in D 2.1 nur von ε, nicht aber von t_0 abhängt:

$$\delta = \delta(\varepsilon). \tag{2.4}$$

D 2.3: Eine ungestörte allgemeine Bewegung $y = y(b^0, t)$ heißt *asymptotisch stabil*, wenn sie stabil ist und wenn zusätzlich gilt

$$\lim_{t \to \infty} \big(y(b, t) - y(b^0, t)\big) = 0 \qquad (2.5)$$

für alle b aus einer Umgebung $U(b^0)$.

D 2.4: Eine ungestörte allgemeine Bewegung $y = y(b^0, t)$ heißt *schwach stabil*, wenn sie stabil, aber nicht asymptotisch stabil ist.

D 2.5: Eine ungestörte allgemeine Bewegung $y = y(b^0, t)$ heißt *instabil*, wenn sie nicht stabil ist, d. h., wenn ein $\varepsilon > 0$ und zu jedem (noch so kleinen) $\delta > 0$ ein b^1 und eine Folge $t_1, t_2, \ldots$ mit

$$\lim_{i \to \infty} t_i = \infty \qquad (2.6)$$

derart existieren, daß

$$\|y(b^1, t_n) - y(b^0, t_n)\| \geqq \varepsilon \qquad (2.7)$$

gilt, obwohl

$$\|y(b^1, t_0) - y(b^0, t_0)\| < \delta \qquad (2.8)$$

war.

B 2.2: In den Abbildungen 2.1—2.3 sind die drei Hauptformen der Bewegung (Stabilität, asymptotische Stabilität, Instabilität) im R^1 anschaulich dargestellt. Bei der asymptotischen Stabilität ist zu beachten, daß die Forderung (2.5) nicht ausreicht, sondern die Stabilität selbst unbedingt zu fordern ist.

Ist b ein reeller Parameter, so ist $y = y(b, t) = be^t$ eine instabile Bewegung mit $y = y(0, t) = 0$ als Ruhelage, denn $y(b, t)$ ist für alle $b \neq 0$ unbeschränkt.

Dagegen ist $y = y(b, t) = be^{-t}$ asymptotisch stabil, denn es gilt für alle $b \neq 0$

$$\lim_{t \to \infty} \big(y(b, t) - y(0, t)\big) = b \lim_{t \to \infty} e^{-t} = 0.$$

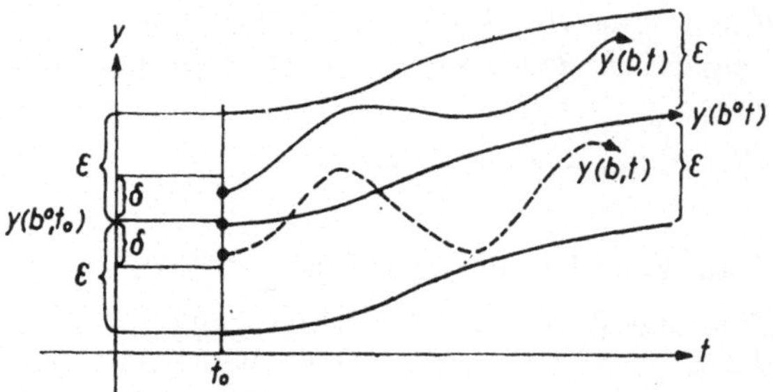

Abb. 2.1. Stabile Bewegung

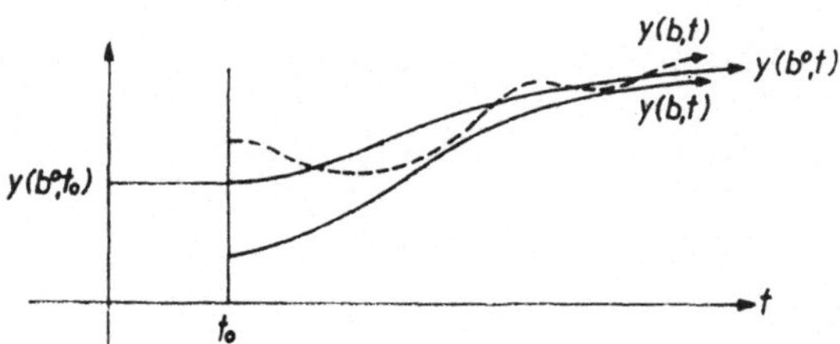

Abb. 2.2. Asymptotisch stabile Bewegung

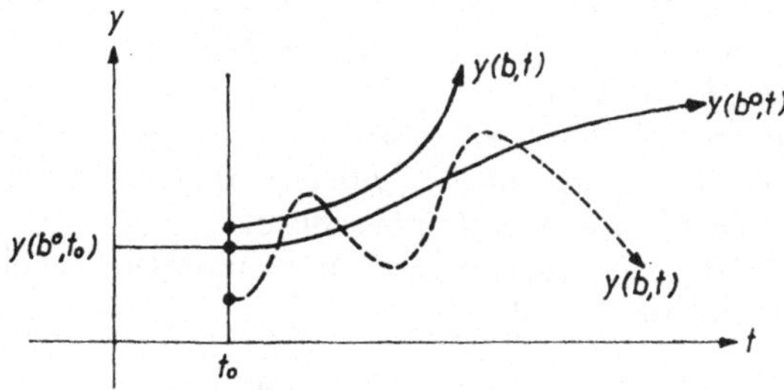

Abb. 2.3. Instabile Bewegung

Etwas schwieriger zu behandeln ist die Bewegung

$$y = y(b, t) = b \sin t.$$

Hier gilt

$$y(b, t) - y(b^0, t) = (b - b^0) \sin t,$$

also

$$\|y(b, t) - y(b^0, t)\| \leq |b - b^0|.$$

Für $t_0 \neq k\pi$ ist $\sin t_0 \neq 0$. Daher gilt hier

$$\|y(b, t) - y(b^0, t)\| \leq |b - b^0| < \varepsilon$$

für alle b mit

$$\|y(b, t_0) - y(b^0, t_0)\| = |b - b^0| \cdot |\sin t_0| < \varepsilon |\sin t_0|$$
$$= \delta(\varepsilon, t_0).$$

Es existiert aber

$$\lim_{t \to \infty} \left(y(b, t) - y(b^0, t) \right) = \lim_{t \to \infty} (b - b^0) \sin t$$

für kein $b \neq b^0$, daher liegt nur schwache Stabilität vor.

Für $t_0 = k\pi$ ist $\sin t_0 = 0$. Daher gilt für alle $b^1 \neq b^0$ und für die Folge

$$t_i = \frac{2i + 1}{2} \pi$$

$$\|y(b, t_0) - y(b^0, t_0)\| = |b - b^0| \sin t_0 = 0 < \delta$$

aber

$$\|y(b^1, t_i) - y(b^0, t_i)\| = |b^1 - b^0| |\sin t_i| = |b^1 - b^0| \geq \varepsilon.$$

Daher ist die Bewegung $y = b^0 \sin t$ instabil für $t_0 = k\pi$, obwohl sie beschränkt ist.

B 2.3: Ist $y = y(b, t)$ eine allgemeine Bewegung und $y = y(b^0, t)$ die ungestörte Bewegung, so ist auch die

Störung (D 1.36)

$$x = y(b, t) - y(b^0, t) \tag{2.9}$$

eine allgemeine Bewegung (B 1.23)

$$x = x(a, t) \tag{2.10}$$

mit

$$a = b - b^0. \tag{2.11}$$

Der ungestörten Bewegung $y(b^0, t)$ entspricht die Ruhelage von (2.10) für $a = 0$

$$x = x(0, t) = 0. \tag{2.12}$$

Die gestörte Bewegung $(a \neq 0)$ hat die Anfangsstörung (D 1.36)

$$x^0 = x(a, t_0). \tag{2.13}$$

Damit lassen sich alle Stabilitätsbetrachtungen für allgemeine Bewegungen $y(b, t)$ auf Stabilitätsbetrachtungen der Ruhelage von (2.10) zurückführen. Die Stabilitätsbegriffe lassen sich also alle in äquivalenter Form auf die entsprechenden Stabilitätsbegriffe für die Ruhelage von (2.10) zurückzuführen.

§ 2.1: Die ungestörte allgemeine Bewegung $y(b^0, t)$ hat das gleiche Stabilitätsverhalten wie die Ruhelage $x(0, t) = 0$ der Störung (2.10).

D 2.6: Die Ruhelage einer allgemeinen Bewegung $x = x(a, t)$ heißt *stabil*, wenn zu jedem $\varepsilon > 0$ ein $\delta = \delta(\varepsilon, t_0) > 0$ derart existiert, daß

$$\|x(a, t)\| < \varepsilon, \quad t \geqq t_0 \tag{2.14}$$

gilt für alle a mit

$$\|x(a, t_0)\| = \|x^0\| < \delta(\varepsilon, t_0). \tag{2.15}$$

D 2.7: Die Ruhelage einer allgemeinen Bewegung $x = x(a, t)$ heißt *gleichmäßig stabil*, wenn sie stabil ist und δ in D 2.6 nur von ε, nicht aber von t_0 abhängt.

D 2.8: Die Ruhelage einer allgemeinen Bewegung $x = x(a, t)$ heißt *asymptotisch stabil*, wenn sie stabil ist und wenn zusätzlich gilt

$$\lim_{t \to \infty} x(a, t) = 0 \qquad (2.16)$$

für alle a einer Umgebung $U(0)$.

Das heißt, es existiert zu jedem $\eta > 0$ ein $\tau = \tau(\eta, t_0, a) > 0$ derart, daß

$$\|x(a, t)\| \leqq \eta \qquad (2.17)$$

gilt für alle

$$t \geqq t_0 + \tau(\eta, t_0, a). \qquad (2.18)$$

D 2.9: Die Ruhelage einer allgemeinen Bewegung $x = x(a, t)$ heißt *schwach stabil*, wenn sie stabil, aber nicht asymptotisch stabil ist.

D 2.10: Die Ruhelage einer allgemeinen Bewegung heißt *instabil*, wenn sie nicht stabil ist, d. h., wenn ein $\varepsilon > 0$ und zu jedem (noch so kleinen) $\delta > 0$ ein a^1 und eine Folge $t_1, t_2, \ldots$ mit

$$\lim_{i \to \infty} t_i = \infty \qquad (2.19)$$

derart existieren, daß

$$\|x(a^1, t_i)\| \geqq \varepsilon \qquad (2.20)$$

gilt, obwohl

$$\|x(a^1, t_0)\| < \delta \qquad (2.21)$$

war.

2.2. Stabilität von gewöhnlichen und partiellen Differentialgleichungen sowie von Differenzengleichungen

B 2.4: Durch gewöhnliche Differentialgleichungen (D 1.23) werden stetige, durch Differenzengleichungen (D 1.29) diskrete Bewegungen im euklidischen Raum und durch partielle Differentialgleichungen (B 1.24) Bewegungen in normierten Räumen definiert. Diese Bewegungen haben alle formal die gleiche Gestalt.

$$y = y(t) = y(b, t_0, t) \qquad (2.22)$$

und sind allgemeine Bewegungen im Sinne der D 1.37. Wir wollen daher gewöhnliche und partielle Differentialgleichungen und Differenzengleichungen unter dem allgemeineren Begriff der D-Gleichung zusammenfassen. Durch eine D-Gleichung wird also eine allgemeine Bewegung (2.22) definiert, für die gilt (Anfangsbedingungen)

$$y(t_0) = y(b, t_0, t_0) = b. \qquad (2.23)$$

Bei partiellen Differentialgleichungen hängen die Vektoren $y(t)$ und b von Raumkoordinaten $u_1, u_2, \ldots, u_m$ ab,

$$y(t) = y(t, u), \quad b = b(u), \qquad (2.24)$$

und werden durch Einführung einer geeigneten Norm $\|y(t)\|$, $\|b\|$ zu Elementen eines normierten Raumes gemacht. Bei gewöhnlichen Differentialgleichungen und bei Differenzengleichungen sind $y(t)$ und b Elemente des euklidischen Raumes R^n. Unter $\|y(t)\|$ und $\|b\|$ ist hier die gewöhnliche euklidische Norm (D 1.1) zu verstehen.
    Durch Einführung der Störung

$$x(t) = y(b, t_0, t) - y(b^0, t_0, t) \qquad (2.25)$$

und der Anfangsstörung

$$x^0 = b - b^0 \qquad (2.26)$$

läßt sich die Untersuchungen der ungestörten Bewegung

$$y^0(t) = y(b^0, t_0, t) \tag{2.27}$$

auf die Untersuchung der Ruhelage

$$x = x(0, t_0, t) = 0 \tag{2.28}$$

der Bewegung

$$x(t) = x(x^0, t_0, t) \tag{2.29}$$

mit

$$x(t_0) = x(x^0, t_0, t_0) = x^0 \tag{2.30}$$

zurückzuführen bzw. auf die Untersuchung der Ruhelage einer der vorliegenden D-Gleichung entsprechenden speziellen D-Gleichung (D 1.26, D 1.30, D 1.38). Daher wird im folgenden auch lediglich die Stabilität der Ruhelage von D-Gleichungen definiert und untersucht.

D 2.11: Unter einer D-Gleichung soll hier eine gewöhnliche Differentialgleichung (D 1.23), eine Differenzengleichung (D 1.29) oder eine partielle Differentialgleichung (B 1.24) verstanden werden. Ihre Lösung

$$y = y(t) = y(b, t_0, t) \tag{2.31}$$

mit

$$y(t_0) = y(b, t_0, t_0) = b \tag{2.32}$$

heißt dann die durch die D-Gleichung beschriebene *allgemeine Bewegung*. Wir betrachten im folgenden nur spezielle D-Gleichungen im Sinne von D 1.20, D 1.30 und D 1.38 mit Lösungen

$$x = x(t) = x(x^0, t_0, t) \tag{2.33}$$

mit

$$x(t_0) = x(x^0, t_0, t_0) = x^0 \tag{2.34}$$

und untersuchen deren Ruhelage

$$x(t) = x(0, t_0, t) = 0. \tag{2.35}$$

D 2.12: Die Ruhelage einer D-Gleichung heißt *stabil*, wenn zu jedem (noch so kleinen) $\varepsilon > 0$ ein $\delta = \delta(\varepsilon, t_0) > 0$ derart existiert, daß

$$\|x(x^0, t_0, t)\| < \varepsilon, \quad t \geqq t_0 \tag{2.36}$$

gilt für alle x^0 mit

$$\|x^0\| < \delta(\varepsilon, t_0). \tag{2.37}$$

D 2.13: Die Ruhelage einer D-Gleichung heißt *gleichmäßig stabil*, wenn sie stabil ist und δ in D 2.12 nicht von t_0 abhängt,

$$\delta = \delta(\varepsilon), \tag{2.38}$$

bzw. (gleichwertige Definition) wenn eine im Intervall $0 \leqq s \leqq r$ stetige und streng monoton wachsende Funktion $h(s)$ mit

$$h(0) = 0 \tag{2.39}$$

derart existiert, daß

$$\|x(x^0, t_0, t)\| \leqq h(\|x^0\|) \tag{2.40}$$

gilt für alle x^0 mit

$$\|x^0\| < r. \tag{2.41}$$

Gilt (2.40) sogar für alle x^0, so spricht man von *gleichmäßiger Stabilität im Ganzen.*

D 2.14: Die Ruhelage einer D-Gleichung heißt *asymptotisch stabil*, wenn sie stabil ist und wenn zusätzlich ein $r > 0$ existiert mit

$$\lim_{t \to \infty} \|x(x^0, t_0, t)\| = 0 \tag{2.42}$$

für

$$\|x^0\| < r. \tag{2.43}$$

Das heißt, zu jedem x^0, das (2.43) erfüllt, und zu jedem (noch so kleinen) $\eta > 0$ existiert ein $\tau = \tau(\eta, t_0, x^0)$ derart, daß

$$\|x(x^0, t_0, t)\| < \eta \qquad (2.44)$$

gilt für alle t mit

$$t > t_0 + \tau(\eta, t_0, x^0). \qquad (2.45)$$

Die Menge aller x^0, von denen Bewegungen ausgehen, die (2.44), (2.45) erfüllen, heißt *Einzugsbereich* der Ruhelage der D-Gleichung.

Gilt (2.44), (2.45) für alle x^0, von denen Bewegungen ausgehen können (für die das Anfangswertproblem der D-Gleichung lösbar ist), so spricht man von asymptotischer *Stabilität im Großen*. Gilt (2.44), (2.45) für alle x^0 des Phasenraumes, so spricht man von asymptotischer *Stabilität im Ganzen*.

D 2.15: Die Ruhelage einer D-Gleichung heißt *äquiasymptotisch stabil*, wenn zu einem festgewählten t_0 für jedes $\varepsilon > 0$ ein von ε unabhängiges $r > 0$ und ein $\tau = \tau(t_0, \varepsilon) > 0$ derart existiert, daß gilt

$$\|x(x^0, t_0, t)\| < \varepsilon \qquad (2.46)$$

für alle t mit

$$t > t_0 + \tau(t_0, \varepsilon) \qquad (2.47)$$

und alle x^0 mit

$$\|x^0\| < r. \qquad (2.48)$$

Existiert ein solches $\tau(t_0, \varepsilon)$ für jedes $t_0 \geqq t_1 \geqq 0$, so spricht man von gleichmäßiger asymptotischer Stabilität bezüglich der Phasenkoordinaten. Hängt dabei τ nicht von t_0 ab, also $\tau = \tau(\varepsilon)$, so spricht man von gleichmäßiger asymptotischer Stabilität.

D 2.16: Die Ruhelage einer D-Gleichung heißt *gleichmäßig asymptotisch stabil im Ganzen.*, wenn sie gleichmäßig stabil im Ganzen ist und wenn zusätzlich zu jedem (noch

5*

so kleinen) $\varepsilon > 0$ und jedem (noch so großen) $\eta > 0$ ein $\tau = \tau(\varepsilon, \eta)$ derart existiert, daß

$$\|x(x^0, t_0, t)\| < \varepsilon \tag{2.49}$$

gilt für alle t mit

$$t > t_0 + \tau(\varepsilon, \eta) \tag{2.50}$$

und alle x^0 mit

$$\|x^0\| < \eta. \tag{2.51}$$

D 2.17: Die Ruhelage einer D-Gleichung heißt *schwach stabil*, wenn sie stabil, aber nicht asymptotisch stabil ist.

D 2.18: Die Ruhelage einer D-Gleichung heißt *instabil*, wenn sie nicht stabil ist, d. h. wenn ein $\varepsilon > 0$ und zu jedem $\delta > 0$ ein x^0 und eine Folge $t_1, t_2, \ldots$ mit

$$\lim_{i \to \infty} t_i = \infty \tag{2.52}$$

derart existieren, daß

$$\|x(x^0, t_0, t_n)\| \geqq \varepsilon \tag{2.53}$$

gilt, obwohl

$$\|x^0\| < \delta \tag{2.54}$$

war.

D 2.19: Die Ruhelage einer D-Gleichung heißt *vollständig instabil*, wenn ein $\varepsilon > 0$ derart existiert, daß alle bei $t_1 \geqq t_0$ beginnenden Bewegungen $x(x^0, t_1, t)$ mit

$$0 < \|x^0\| < \varepsilon \tag{2.55}$$

nach endlicher Zeit τ die „Kugel"

$$\|x\| = \varepsilon \tag{2.56}$$

erreichen, d. h.

$$\|x(x^0, t_1, t_1 + \tau)\| = \varepsilon. \tag{2.56}$$

D 2.20: Die Ruhelage einer D-Gleichung heißt *exponentiell stabil*, wenn drei Konstanten $r > 0$, $\varepsilon > 0$, $\eta > 0$ derart existieren, daß

$$\|x(x^0, t_0, t)\| < \varepsilon \|x^0\| \, \mathrm{e}^{-\eta(t-t_0)} \qquad (2.57)$$

für alle x^0 mit

$$\|x^0\| < r \qquad (2.58)$$

gilt.

D 2.21: Die Ruhelage einer D-Gleichung heißt *exponentiell instabil*, wenn zu jedem (beliebig kleinen) $r > 0$ und jedem (beliebig großen) τ ein x^0 mit

$$\|x^0\| < r \qquad (2.59)$$

und ein t_0 mit

$$t_0 > \tau \qquad (2.60)$$

und zwei feste Konstante $\varepsilon > 0$ und $\eta > 0$ derart existieren, daß

$$\|x(x^0, t_0, t)\| > \varepsilon \|x^0\| \, \mathrm{e}^{\eta(t-t_0)} \qquad (2.61)$$

gilt.

Gilt (2.61) für alle x^0, die (2.59) erfüllen, so spricht man von *vollständiger* exponentieller Instabilität.

D 2.22: Eine D-Gleichung zeigt *intensives Verhalten*, wenn jede Bewegung $x(x^0, t_0, t)$ auf einer ihrer Äste die Abschätzung (2.61) zuläßt.

D 2.23: Eine D-Gleichung zeigt *prägnantes Verhalten*, wenn ihre Ruhelage exponentiell stabil oder exponentiell instabil ist.

B 2.5: Da bei Differenzengleichungen der Fall eintreten kann, daß eine bei t_1 beginnende Bewegung nicht als Fortsetzung einer bei $t_0 < t_1$ beginnenden Lösung aufgefaßt werden kann, müssen für diesen Fall von t_0 unabhängige Stabilitätsdefinitionen verwendet werden. Man fordert die jeweiligen Bedingungen nicht nur für t_0, sondern für alle $t_1 \geqq t_0$.

2.3. Stabilität dynamischer Systeme

B 2.6: Bereits in B 1.20 wurde erwähnt, daß dynamische Systeme (D 1.31) Verallgemeinerungen der Bewegungen sind, die durch gewöhnliche Differentialgleichungen beschrieben werden und daß andererseits auf der Grundlage der Theorie dynamischer Systeme wiederum wichtige Stabilitätssätze für gewöhnliche Differentialgleichungen gewonnen werden können. Daher werden hier wenigstens die wichtigsten Stabilitätsbegriffe (Stabilität, asymptotische Stabilität, Instabilität) für dynamische Systeme eingeführt. Solche Begriffe, wie gleichmäßige Stabilität usw. können dann in entsprechender Weise auf dynamische Systeme ausgedehnt werden. Die Rolle der ungestörten Bewegung spielt bei dynamischen Systemen die invariante Menge (D 1.32).

D 2.24: Die invariante Menge M (D 1.32) eines dynamischen Systems $y = y(x, t)$ (D 1.31) heißt *stabil*, wenn zu jedem (noch so kleinen) $\varepsilon > 0$ ein $\delta = \delta(\varepsilon)$ derart existiert, daß für den Abstand zwischen $y(x, t)$ und M (D 1.33)

$$\varrho\big(y(x, t), M\big) < \varepsilon \qquad (2.62)$$

gilt für alle $t > 0$ und alle x mit

$$\varrho(x, M) < \delta(\varepsilon). \qquad (2.63)$$

Die invariante Menge M heißt asymptotisch stabil, wenn zusätzlich gilt

$$\lim_{t \to \infty} \varrho\big(y(x, t), M\big) = 0. \qquad (2.64)$$

D 2.25: Die invariante Menge M eines dynamischen Systems $y = y(x, t)$ heißt *instabil*, wenn ein $\varepsilon > 0$ und zu jedem $\delta > 0$ ein $t_1 > 0$ und ein x^0 derart existieren, daß

$$\delta\big(y(x^0, t_1), M\big) \geqq \varepsilon \qquad (2.65)$$

gilt, obwohl

$$\delta(x^0, M) < \delta \qquad (2.66)$$

war.

S 2.2: Ist die Ruhelage einer gewöhnlichen Differentialgleichung $x = f(x, t)$ gleichmäßig stabil, so kann dieser
Differentialgleichung ein dynamisches System zugeordnet werden, das die t-Achse als stabile invariante Menge
besitzt. Ist die Ruhelage gleichmäßig asymptotisch stabil,
so ist die t-Achse sogar eine asymptotisch stabile invariante Menge des zugeordneten dynamischen Systems.

2.4. Stabilität allgemeiner Systeme

B 2.7: Bereits in B 1.25 wurde darauf hingewiesen, daß
allgemeine Systeme (D 1.39) eine wesentliche Verallgemeinerung der Bewegungen darstellen, die durch partielle Differentialgleichungen beschrieben werden. Der
Theorie der allgemeinen Systeme ordnen sich nicht nur
die partiellen Differentialgleichungen unter, sondern
auch wesentlich allgemeinere Funktionalgleichungen.
Daher sollen hier, wie bei den dynamischen Systemen,
wenigstens die wichtigsten Stabilitätsbegriffe auf allgemeine Systeme erweitert werden. Dabei tritt wieder
die invariante Menge (D 1.41) an die Stelle der ungestörten
Bewegung.

D 2.26: Die invariante Menge M (D 1.41) eines allgemeinen Systems $y = y(x, t_0, t)$ (D 1.39) heißt *stabil*, wenn zu
jedem $\varepsilon > 0$ ein $\delta = \delta(\varepsilon, t_0) > 0$ derart existiert, daß
für den Abstand zwischen $y(x, t_0, t)$ und M (D 1.42)

$$\varrho\big(y(x, t_0, t), M\big) < \varepsilon \qquad (2.67)$$

gilt für alle $t \geq t_0$ und alle x mit

$$\varrho(x, M) < \delta(\varepsilon, t_0). \qquad (2.68)$$

Die invariante Menge M heißt asymptotisch stabil, wenn zusätzlich gilt

$$\lim_{t \to \infty} \varrho\big(y(x, t_0, t), M\big) = 0. \qquad (2.69)$$

D 2.27: Die invariante Menge M eines allgemeinen Systems $y = y(x, t_0, t)$ heißt *instabil*, wenn ein $\varepsilon > 0$ und zu jedem $\delta > 0$ ein $t_1 > t_0$ und ein x^0 derart existieren, daß

$$\varrho\big(y(x^0, t_0, t_1), M\big) \geqq \varepsilon \qquad (2.70)$$

gilt, obwohl

$$\varrho(x^0, M) < \delta \qquad (2.71)$$

war.

2.5. Stabilität von Differential-Differenzengleichungen

B 2.8: Wir können uns auch hier wegen B 1.27 auf die Untersuchung der Stabilität der Ruhelage einer Differential-Differenzengleichung (D 1.43)

$$x = f(X, t) \qquad (2.72)$$

mit dem Vorlaufvektor $a(t_0)$ beschränken. Es ist dabei zu beachten, daß sowohl die Lösung

$$x = x\big(a(t_0), t_0, t\big) \qquad (2.73)$$

als auch der Vorlaufvektor $a(t_0)$ als Elemente eines normierten Raumes mit der in D 1.43 eingeführten Norm zu behandeln sind. Ferner sind hier, da Differential-Differenzengleichungen im allgemeinen kein allgemeines System definieren (B 1.27), ähnlich wie bei Differenzengleichungen (B 2.5) von t_0 unabhängige Stabilitätsbegriffe einzuführen. Wir beschränken uns dabei wieder nur auf die wichtigsten Begriffe.

D 2.28: Die Ruhelage einer Differential-Differenzenglei-chung heißt stabil, wenn zu jedem (noch so kleinen)

$\varepsilon > 0$ und zu jedem $t_1 \geqq t_0 \geqq s$ ein $\delta = \delta(\varepsilon, t_1)$ derart existiert, daß

$$\|x(a(t_1), t_1, t)\| < \varepsilon \qquad (2.74)$$

gilt für alle $t \geqq t_1$ und alle $a(t_1)$ mit

$$\|a(t_1)\| < \delta(\varepsilon, t_1). \qquad (2.75)$$

Die Ruhelage heißt *asymptotisch stabil*, wenn zusätzlich gilt

$$\lim_{t \to \infty} x(a, (t_1), t_1, t) = 0. \qquad (2.76)$$

Hängt δ in (2.75) nicht von t_1 ab,

$$\delta = \delta(\varepsilon), \qquad (2.77)$$

so spricht man von *gleichmäßiger Stabilität*.

D 2.29: Die Ruhelage einer Differential-Differenzengleichung heißt *gleichmäßig asymptotisch stabil*, wenn ein $r > 0$ und zu jedem $\varepsilon > 0$ ein $\tau(\varepsilon) > 0$ derart existieren, daß

$$\|x(a, (t_1), t_1, t)\| < \varepsilon \qquad (2.78)$$

gilt für alle t mit

$$t > t_1 + \tau(\varepsilon) \qquad (2.79)$$

und alle $a(t_1)$ mit

$$\|a(t_1)\| < r. \qquad (2.80)$$

D 2.30: Die Ruhelage einer Differential-Differenzengleichung heißt *instabil*, wenn ein $\varepsilon > 0$ und zu jedem $\delta > 0$ eine Folge $t_2, t_3, \ldots$ mit

$$\lim_{i \to \infty} t_i = \infty \qquad (2.81)$$

und ein Vorlaufvektor $a(t_1)$ derart existieren, daß gilt

$$\|x(a(t_1), t_1, t_n)\| \geqq \varepsilon, \qquad (2.82)$$

obwohl

$$\|a(t_1)\| < \delta \qquad (2.83)$$

war.

3. Das Stabilitätsverhalten linearer Differential- und Differenzengleichungen und der Grundgedanke der direkten Methode von Ljapunow

3.1. Das Stabilitätsverhalten linearer Differential- und Differenzengleichungen

B 3.1: Die Untersuchung des Stabilitätsverhaltens von gewöhnlichen Differentialgleichungen

$$\dot{x} = f(x, t) \qquad (3.1)$$

ist dann auf der Grundlage der im Abschnitt 2.1. formulierten Begriffe recht einfach möglich, wenn ihre Lösung

$$x = x(t) = x(x^0, t_0, t) \qquad (3.2)$$

in expliziter Form gewonnen werden kann. Dann hat man (3.2) nur in die Beziehungen des Abschnitts 2.1. einzusetzen und kann unmittelbar auf das Stabilitätsverhalten schließen. Leider ist dieses Vorgehen (indirekte Methode) nur in wenigen Spezialfällen möglich, weil man die Lösung (3.2) nicht in expliziter Form kennt bzw. weil eine explizite Lösung von (3.1) grundsätzlich nicht möglich ist. Ähnlich liegen die Verhältnisse bei Differenzengleichungen und mit noch stärkeren Schwierigkeiten bei Differential-Differenzengleichungen, bei partiellen Differentialgleichungen und allgemeineren Funktionalgleichungen. Aus diesem Grunde ist für praktische Belange die Anwendung der direkten Methode von LJAPUNOW [22] in den meisten Fällen unumgänglich, weil hier die Stabilitätsbedingungen ohne die Kenntnis der ungestörten Bewegung allein aus den im System auftretenden Funktionen gewonnen werden.

Der Weg der indirekten Methode kann aber z. B. beschritten werden bei linearen autonomen Differentialgleichungen (Differentialgleichungen mit konstanten Koeffizienten)

$$\begin{aligned}
\dot{x}_1 &= a_{11}x_1 + a_{12}x_2 + \cdots + a_{1n}x_n \\
\dot{x}_2 &= a_{21}x_1 + a_{22}x_2 + \cdots + a_{2n}x_n \\
&\;\;\vdots \\
\dot{x}_n &= a_{n1}x_1 + a_{n2}x_2 + \cdots + a_{nn}x_n
\end{aligned} \tag{3.3}$$

bzw. in Matrizenschreibweise

$$\dot{x} = Ax. \tag{3.4}$$

Mit Hilfe der Ergebnisse der indirekten Methode bei autonomen linearen Differentialgleichungen können auch Ergebnisse für nicht autonome lineare Differentialgleichungen, bei denen die Koeffizienten a_{ij} in (3.3) bzw. die Matrix A in (3.4) von t abhängen,

$$\dot{x} = A(t)x, \tag{3.5}$$

erzielt werden. Da zu diesen Problemen ausreichend Literatur vorhanden ist, sollen hier nur einige Ergebnisse insoweit angegeben werden, wie sie für die direkte Methode unmittelbar benötigt werden. Zur expliziten Lösung von (3.4) macht man bekanntlich zunächst den Ansatz

$$x = re^{\lambda t} \tag{3.6}$$

und erhält durch Einsetzen in (3.4) wegen $e^t \neq 0$ die Gleichung

$$(A - \lambda E)\, r = 0 \tag{3.7}$$

die genau dann nichttriviale Lösungen $r \neq 0$ besitzt, wenn λ ein Eigenwert von A ist (D 1.9). Ist r^i eine nichttriviale Lösung (Eigenvektor) von (3.7) für $\lambda = \lambda_i$ und sind alle Eigenwerte λ_i verschieden, so lautet die allgemeine Lösung von (3.4)

$$x = \sum_{i=1}^{n} c_i r^i e^{\lambda_i t}, \tag{3.8}$$

wobei die c_i beliebige Konstante sind. Ist λ_i ein k-facher Eigenwert, so tritt an die Stelle von $c_i r^i e^{\lambda_i t}$ ein Ausdruck der Form

$$x^i = (c^0 + c^1 t + \cdots + c^{k-1} t^{k-1})\, e^{\lambda_i t}, \qquad (3.9)$$

wobei die Vektoren c^i von k beliebigen Konstanten abhängen. Die λ_i können dabei auch komplex sein: $\lambda_i = \alpha_i + j\beta_i$. Dann ist aber auch $\bar{\lambda}_i = \alpha_i - j\beta_i$ Eigenwert und an die Stelle von

$$e^{\lambda_i t} = e^{\alpha_i t}\,(\cos \beta_i t + j \sin \beta_i t),$$

$$e^{\bar{\lambda}_i t} = e^{\alpha_i t}\,(\cos \beta_i t - j \sin \beta_i t)$$

treten die Ausdrücke $e^{\alpha_i t} \cos \beta_i t$ und $e^{\alpha_i t} \sin \beta_i t$. Danach ist klar:

1. Wenn alle $\alpha_i < 0$ sind, so ist die Ruhelage von (3.4) wegen

$$\lim_{t \to \infty} e^{\alpha_i t} = 0$$

asymptotisch stabil.

2. Wenn mindestens ein $\alpha_i > 0$ ist, dann ist die Ruhelage von (3.4) wegen

$$\lim_{t \to \infty} e^{\alpha_i t} = \infty$$

instabil. Wenn alle $\alpha_i > 0$ sind, liegt sogar vollständige Instabilität vor.

3. Wenn alle $\alpha_i \leqq 0$ sind, $\alpha_i = 0$ aber für mindestens ein i gilt (kritischer Fall), so liegen die Verhältnisse nicht so einfach wie im ersten und zweiten Fall.

Ist der Eigenwert λ_i, für den $\alpha_i = 0$ ist, einfach, so treten in der Lösung von (3.4) neben den für $t \to \infty$ verschwindenden Teilen noch die Ausdrücke $\sin \beta_i t$ und $\cos \beta_i t$ auf, daher liegt noch schwache Stabilität vor. Ist λ_i dagegen ein k-facher Eigenwert, so können vor $\sin \beta_i t$ bzw. $\cos \beta_i t$ noch Polynome von t stehen, was zur Instabilität führt. Jedoch braucht in (3.9), wie einfache Beispiele zeigen, t nicht wirklich aufzutreten. Auf diese kritischen Fälle soll im folgenden nicht näher eingegangen werden.

§ 3.1: Gilt für alle Eigenwerte

$$\lambda_i = \alpha_i + j\beta_i \tag{3.10}$$

von A

$$\alpha_i < 0, \tag{3.11}$$

so ist die Ruhelage der linearen autonomen Differentialgleichung (3.4) asymptotisch stabil. Gilt für mindestens ein i

$$\alpha_i > 0, \tag{3.12}$$

so ist die Ruhelage von (3.4) instabil. Gilt (3.12) sogar für alle i, so liegt vollständige Instabilität vor. In kritischen Fällen:

$$\alpha_i \leqq 0 \text{ für alle } i,$$
$$\alpha_i = 0 \text{ für mindestens ein } i, \tag{3.13}$$

ist die Ruhelage von (3.4) entweder schwach stabil oder instabil.

B 3.2: Die Ergebnisse von S 3.1 können weitgehend auf nichtautonome lineare Differentialgleichungen (3.5) übertragen werden. Man hat hier zu beachten, daß die Eigenwerte von $A(t)$ von t abhängen. Daher sind die Bedingungen von S 3.1 hier gleichmäßig für alle $t \geqq t_0$ zu fordern.

§ 3.2: Existiert ein $\varepsilon > 0$ derart, daß für alle Eigenwerte

$$\lambda_i(t) = \alpha_i(t) + j\beta_i(t) \tag{3.14}$$

von $A(t)$ gilt

$$\alpha_i(t) \leqq -\varepsilon, \quad t \geqq t_0, \tag{3.15}$$

so ist die Ruhelage der linearen Differentialgleichung (3.5) asymptotisch stabil. Gilt für mindestens ein i

$$\alpha_i(t) \geqq \varepsilon, \quad t \geqq t_0, \tag{3.16}$$

so ist die Ruhelage von (3.5) instabil.

B 3.3: Wie bei den gewöhnlichen linearen Differentialgleichungen kann man auch bei linearen Differenzengleichungen (D 1.30)

$$\hat{x} = Ax \tag{3.17}$$

bzw.

$$\hat{x} = A(t)\, x \tag{3.18}$$

das Stabilitätsverhalten direkt an den Eigenwerten λ_i von A bzw. $\lambda_i(t)$ von $A(t)$ ablesen.

Beim autonomen System (3.17) führt der (3.6) entsprechende Ansatz $x = r\lambda^t$ zum Gleichungssystem (3.7). Man erhält daher asymptotisch stabiles Verhalten, wenn für alle Eigenwerte λ_i von A gilt: $|\lambda_i| < 1$,und instabiles Verhalten, wenn für mindestens ein i gilt: $|\lambda_i| > 1$.

Es gelten dann die folgenden, S 3.1 und S 3.2 entsprechenden Sätze.

S 3.3: Gilt für alle Eigenwerte λ_i von A

$$|\lambda_i| < 1, \tag{3.19}$$

so ist die Ruhelage der linearen autonomen Differenzengleichung (3.17) asymptotisch stabil. Gilt für mindestens ein i

$$|\lambda_i| > 1, \tag{3.20}$$

so ist die Ruhelage von (3.17) instabil. Gilt (3.20) für alle i, so liegt vollständige Instabilität vor. In kritischen Fällen

$$
\begin{aligned}
|\lambda_i| &\leqq 1 \quad \text{für alle } i, \\
|\lambda_i| &= 1 \quad \text{für mindestens ein } i,
\end{aligned}
\tag{3.21}
$$

ist die Ruhelage von (3.7) entweder schwach stabil oder instabil.

S 3.4: Existiert ein $\varepsilon > 0$ derart, daß für alle Eigenwerte $\lambda_i(t)$ von $A(t)$ gilt

$$|\lambda_i(t)| \leqq 1 - \varepsilon, \qquad t = t_0,\, t_0 + 1,\, t_0 + 2,\ldots, \tag{3.22}$$

so ist die Ruhelage der linearen Differenzengleichung (3.18) asymptotisch stabil. Gilt für mindestens ein i

$$|\lambda_i(t)| \geqq 1 + \varepsilon, \quad t = t_0, t_0 + 1, t_0 + 2, \ldots, \quad (3.23)$$

so ist die Ruhelage von (3.18) instabil.

3.2. Der Grundgedanke der direkten Methode von Ljapunow

B 3.4: Der Grundgedanke der direkten Methode von Ljapunow [22] zur Behandlung von Stabilitätsproblemen ohne explizite Kenntnis der Bewegung soll hier am Beispiel des autonomen Systems

$$\dot{x} = f(x) \qquad (3.24)$$

entwickelt werden.

Sei $v(x)$ eine streng positiv definite Funktion (D 1.6), derart, daß die Niveauhyperflächen

$$v(x) = \mathrm{const} > 0 \qquad (3.25)$$

geschlossen sind und den Phasenraum schlicht überdecken (Abb. 3.1.). Eine solche Funktion könnte z. B. durch die quadratische Form (S 1.5)

$$v(x) = x^T B x \qquad (3.26)$$

mit einer symmetrischen, streng positiv definiten Matrix B (D 1.10) gegeben sein.

Wenn nun die Lösungskurve (Trajektorie) von (3.24)

$$x(t) = x(x^0, t_0, t) \qquad (3.27)$$

die Hyperflächen (3.25) grundsätzlich von außen nach innen durchstößt (Abb. 3.1), so läge rein anschaulich asymptotische Stabilität der Ruhelage vor.

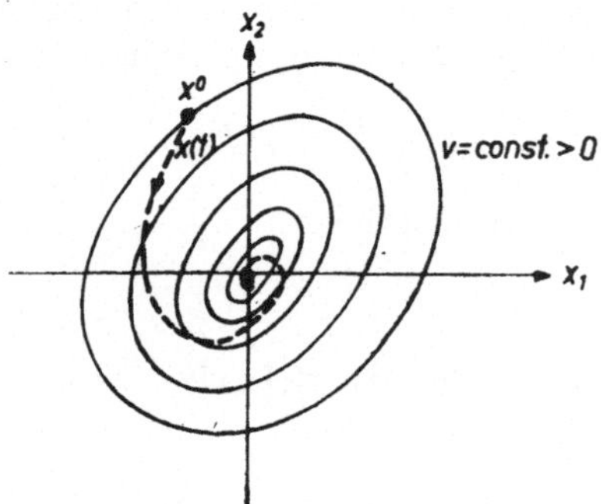

Abb. 3.1. Stabile Ruhelage

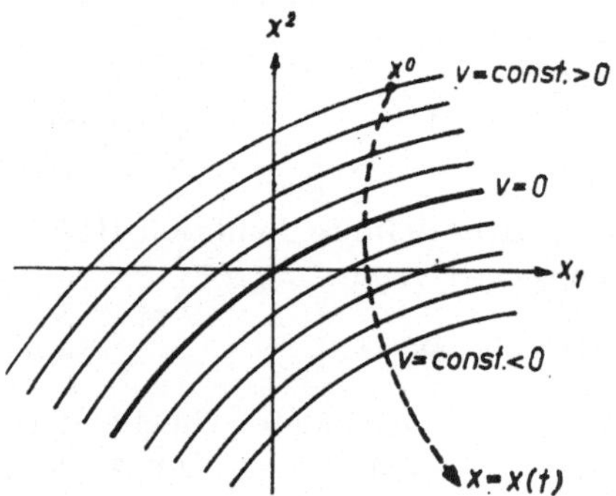

Abb. 3.2. Instabile Ruhelage

Die Forderung, daß $x(t)$ die Hyperflächen (3.25) von außen nach innen durchstößt, ist identisch damit, daß die totale Ableitung von

$$v = v(x) = v\big(x(t)\big) \qquad (3.28)$$

immer negativ ist. Die totale Ableitung von (3.28) ist

$$w = w(t) = \dot{v}\big(x(t)\big) = \frac{\mathrm{d}v\big(x(t)\big)}{\mathrm{d}t} \qquad (3.29)$$

bzw. (D 1.4)

$$w = \frac{\mathrm{d}v(x(t))}{\mathrm{d}t} = \left(\frac{\partial v(x)}{\partial x}\right) \frac{\mathrm{d}x(t)}{\mathrm{d}t} = \left(\frac{\partial v(x)}{\partial x}\right) \dot{x}(t). \quad (3.30)$$

Durch Einsetzen von (3.24) erhält man daraus

$$w = w(x) = \left(\frac{\partial v(x)}{\partial x}\right) f(x)$$

$$= v_{x_1}(x)\, f_1(x) + v_{x_2}(x)\, f_2(x) + \cdots + v_{x_n}(x)\, f_n(x).$$
$$(3.31)$$

Das ist ein Ausdruck, in dem die Lösung von (3.24) nicht mehr explizit auftritt und der daher ohne Kenntnis von (3.27) untersucht werden kann.

Funktionen der o. a. Art $v(x)$, die zur Untersuchung der Stabilität herangezogen werden, nennt man Ljapunow-Funktionen.

Selbstverständlich waren die vorgenommenen geometrischen Betrachtungen heuristischer Art, die Beweise streng formulierter Sätze nicht ersetzen können. Solche Sätze werden in den Abschnitten 4—9 formuliert, wobei jedoch auf Beweise verzichtet wird. Ein solcher Satz bezüglich des hier vorliegenden Falles lautet:

Existiert eine streng positiv definite, gleichmäßig kleine (D 1.7) Ljapunow-Funktion $v = v(x)$ derart, daß ihre bezüglich (3.24) gebildete totale Ableitung

$$w = w(x) = \dot{v}(x(t)) = \left(\frac{\partial v(x)}{\partial x}\right) \cdot f(x) \quad (3.32)$$

streng negativ definit ist, so ist die Ruhelage von (3.24) asymptotisch stabil.

Der entsprechende Instabilitätssatz, der dann ebenfalls geometrisch interpretiert wird (Abb. 3.2), lautet:

Existiert eine gleichmäßig kleine Ljapunow-Funktion $v = v(x)$ derart, daß in jeder (noch so kleinen) Umgebung

$U(0)$ von $x = 0$ mindestens ein Punkt $x \neq 0$ mit $v(x) < 0$ existiert und die totale Ableitung $w(x)$ von $v(x)$ bezüglich (3.24) streng negativ definit ist, so ist die Ruhelage von (3.24) instabil.

In Abb. 3.2 ist der Fall dargestellt, wo die Niveauhyperflächen $v(x) = $ const die Phasenebene schlicht überdecken und wo $v(x) = 0$ durch $x = 0$ geht und die Phasenebene in die Gebiete $v(x) > 0$ und $v(x) < 0$ trennt.

Eine Bewegung (3.27), die von x^0 mit $v(x^0) < 0$ ausgeht, würde wegen $\dot{v}(t) < 0$ sofort von der Ruhelage wegstreben. Bewegungen, die von x^0 mit $v(x^0) > 0$ ausgehen, streben zunächst zu einem Punkt auf $v(x) = 0$ und dann ebenfalls von der Ruhelage weg. Je nach den Eigenschaften der LJAPUNOW-Funktion $v(x)$ und ihrer totalen Ableitung $w(x)$ erhält man Aussagen über die verschiedenen Stabilitätsarten der Ruhelage von (3.24). Die direkte Methode kann darüber hinaus in verschiedener Weise verallgemeinert werden. So wählt man z. B. bei nicht autonomen Systemen

$$\dot{x} = f(x, t) \tag{3.33}$$

LJAPUNOW-Funktionen der Form $v = v(x, t)$.

Bei partiellen Differentialgleichungen, allgemeinen Systemen und Differential-Differenzengleichungen treten an die Stelle von LJAPUNOW-Funktionen LJAPUNOW-Funktionale (D 1.15).

Zur Bildung der totalen Ableitung $w = \dot{v}$ macht man in der Regel entsprechende Voraussetzungen. So setzt man bei gewöhnlichen Differentialgleichungen z. B. grundsätzlich die Stetigkeit und stetige Differenzierbarkeit von $v(x, t)$ voraus.

Bei Differenzengleichungen, wo $\dot{v}$ keinen Sinn hat, tritt an die Stelle der totalen Ableitung die totale Differenz

$$w(x, t) = \hat{v}(x, t) = v\big(x(t + 1), t + 1\big) - v\big(x(t), t\big). \tag{3.34}$$

Kann die gewöhnliche Differenzierbarkeit von $v(x, t)$ nicht gesichert werden (z. B. wenn x Element eines normierten Raumes und v ein Funktional ist), dann kann man häufig

$$w(x, t) = \dot{v}(x, t) = \lim_{h \to +0} \sup \frac{v\big(x(t + h), t + h\big) - v\big(x(t), t\big)}{h} \tag{3.35}$$

wählen.

3.3. Ljapunow-Funktionen für Differential- und Differenzengleichungen

B 3.5: Das wesentliche Problem bei der direkten Methode besteht darin, geeignete Ljapunow-Funktionen bzw. Ljapunow-Funktionale zu finden.

Die Ruhelage des linearen autonomen Systems

$$\dot{x}_1 = -x_1 - x_2 \tag{3.36}$$

$$\dot{x}_2 = 4x_1 - x_2$$

ist gewiß asymptotisch stabil, denn die Eigenwerte von

$$A = \begin{pmatrix} -1 & -1 \\ 4 & -1 \end{pmatrix} \tag{3.37}$$

sind

$$\lambda_1 = -1 + 2j, \quad \lambda_2 = -1 - 2j \tag{3.38}$$

und haben beide negative Realteile $\alpha_1 = \alpha_2 = -1 < 0$.

Wählt man hier die streng positiv definite Ljapunow-Funktion

$$v = v(x) = x_1{}^2 + x_2{}^2, \tag{3.39}$$

so erhält man für die totale Ableitung nach (3.31)

$$W(x) = \dot{v}\big(x(t)\big) = 2\{x_1(-x_1 - x_2) + x_2(4x_1 - x_2)\}, \tag{3.40}$$

also

$$w(x) = x^T C x \tag{3.41}$$

6*

mit (S 1.5)

$$C = \begin{pmatrix} -2 & 3 \\ 3 & -2 \end{pmatrix}. \tag{3.42}$$

C hat die Eigenwerte (D 1.9)

$$\lambda_1 = 1 > 0, \quad \lambda_2 = -5 < 0$$

und ist damit indefinit. Daher ist auch $w(x)$ indefinit. Mit dem o. a. Satz über die asymptotische Stabilität der Ruhelage ist also hier keine Aussage zu machen, denn dazu müßte $w(x)$ streng negativ definit sein.

In den folgenden Sätzen werden Aussagen über die geeignete Wahl von LJAPUNOW-Funktionen gemacht.

Dabei wird von folgendem Grundgedanken ausgegangen. Man macht für die zu (3.4) gehörende LJAPUNOW-Funktion einen Ansatz der Form

$$v = v(x) = x^T B x \tag{3.43}$$

mit einer vorläufig noch unbekannten symmetrischen, streng positiv definiten Matrix B. Die totale Ableitung $w(x)$ von $v(x)$ bezüglich (3.4) wäre nach (3.31) dann wegen

$$\frac{\partial v(x)}{\partial x} = 2x^T B, \quad f(x) = Ax, \tag{3.44}$$

$$w(x) = 2x^T B A x. \tag{3.45}$$

Das ist eine quadratische Form (S 1.5)

$$w(x) = x^T C x. \tag{3.46}$$

Setzt man hier gemäß (3.45) $C = 2BA$, so wäre C im allgemeinen nicht symmetrisch. Man erhält aber durch (3.46) eine zu (3.45) äquivalente Form mit symmetrischer Matrix C, wenn man

$$C = A^T B + B A \tag{3.47}$$

setzt. Bei asymptotisch stabilem Verhalten der Ruhelage von (3.4) haben alle Eigenwerte von A negative Realteile (S 3.1) und nach S 1.6 kann zu jeder vorgegebenen, negativ definiten symmetrischen Matrix C eindeutig eine streng positiv definite symmetrische Matrix B gefunden werden, die (3.47) erfüllt. Durch (3.43) ist damit eine geeignete Ljapunow-Funktion gefunden.

Man gibt sich also eine beliebige, streng negativ definite symmetrische Matrix C vor (z. B. die negative Einheitsmatrix $-E$), ermittelt aus (3.47) die streng positiv definite symmetrische Matrix B. Dann hat die streng positiv definite (und selbstverständlich gleichmäßig kleine) Ljapunow-Funktion (3.43) die streng negativ definite totale Ableitung (3.46).

Bei dem asymptotisch stabilen System (3.36) erhält man mit

$$C = -E$$

aus (3.47)

$$B = \frac{1}{20} \begin{pmatrix} 22 & 3 \\ 3 & 7 \end{pmatrix}.$$

Die Eigenwerte von B sind

$$\lambda_{1/2} = \frac{1}{2} \left(29 \pm \sqrt{29^2 - 580} \right) > 0.$$

Daher ist B streng positiv definit. Die streng positiv definite, gleichmäßig kleine Ljapunow-Funktion

$$v(x) = x^T B x = \frac{1}{20} \left(22 x_1{}^2 + 7 x_2{}^2 + 6 x_1 x_2 \right)$$

hat dann die streng negativ definite totale Ableitung

$$w(x) = \dot{v}(x) = -x_1{}^2 - x_2{}^2.$$

Wegen der umkehrbaren Eindeutigkeit von $y = Ax$ kann anstelle von (3.43) auch

$$v(x) = x^T A^T B A x \tag{3.48}$$

als LJAPUNOW-Funktion gewählt werden. Sie hat die totale Ableitung

$$w(x) = x^T A^T C A x. \qquad (3.49)$$

S 3.5: Für eine lineare autonome Differentialgleichung

$$\dot{x} = Ax \qquad (3.50)$$

mit asymptotisch stabiler Ruhelage erhält man zu jeder vorgegebenen, streng negativ definiten symmetrischen Matrix C (D 1.10) eine streng positiv definite, gleichmäßig kleine LJAPUNOW-Funktion

$$v = v(x) = x^T B x \qquad (3.51)$$

mit streng negativ definiter totaler Ableitung

$$w = w(x) = x^T C x, \qquad (3.52)$$

wobei B die eindeutig bestimmte, streng positiv definite Lösung von

$$A^T B + BA = C \qquad (3.53)$$

ist.

S 3.6: Für eine lineare autonome Differentialgleichung (3.50) mit asymptotisch stabiler Ruhelage erhält man zu zu jeder vorgegebenen, streng negativ definiten symmetrischen Matrix C eine streng positiv definite, gleichmäßig kleine LJAPUNOW-Funktion

$$v = v(x) = x^T A^T B A x \qquad (3.54)$$

mit streng negativ definiter totaler Ableitung

$$w = w(x) = x^T A^T C A x, \qquad (3.55)$$

wobei B die eindeutig bestimmte, streng positiv definite Lösung von (3.53) ist.

B 3.6: Eine autonome Differentialgleichung (D 1.26)

$$\dot{x} = f(x) \qquad (3.56)$$

mit

$$f(0) = 0 \qquad (3.57)$$

und stetig differenzierbarem $f(x)$ kann in erster Näherung durch eine lineare Differentialgleichung

$$\dot{x} = J_0 x \qquad (3.58)$$

approximiert werden. Bezeichnet man die JACOBISche Matrix (D 1.5) von $f(x)$ mit J

$$J = J(x) = \frac{\partial f(x)}{\partial x}, \qquad (3.58)$$

so gilt

$$J_0 = J(0). \qquad (3.59)$$

Gilt für alle Eigenwerte $\lambda_i = \alpha_i + j\beta_i$ von J_0 $\alpha_i < 0$, so gilt das wegen der stetigen Differenzierbarkeit von $f(x)$ auch für die Eigenwerte von $J(x)$ in einer Umgebung $U(0)$ von $x = 0$. Daher hat in diesem Falle (3.56) eine asymptotisch stabile Ruhelage. Die zu (3.58) gemäß S 3.5 gehörende LJAPUNOW-Funktion

$$v = v(x) = x^T B x, \qquad (3.60)$$

wobei B Lösung von

$$J_0^T B + B J_0 = C \qquad (3.61)$$

an Stelle von (3.53) ist, ist dann auch eine geeignete LJAPUNOW-Funktion für (3.56). Man erhält hier für die totale Ableitung bezüglich (3.56)

$$w(x) = \dot{v}(x) = 2x^T B \dot{x} = 2x^T B f(x). \qquad (3.62)$$

In erster Näherung gilt

$$w_0(x) = 2x^T B J_0 x = x^T (J_0^T B + B J_0)\, x = x^T C x. \qquad (3.63)$$

Wegen der stetigen Differenzierbarkeit von $f(x)$ ist mit $w_0(x)$ auch $w(x)$ in einer Umgebung $U(0)$ streng negativ definit.

Auch die (3.54) entsprechende, streng positiv definite Funktion

$$v = v(x) = f^T(x)\,Bf(x) \tag{3.64}$$

ist als LJAPUNOW-Funktion für (3.56) geeignet. Es gilt hier für die streng negativ definite totale Ableitung

$$w = w(x) = 2f^T(x)\,BJ(x)\,\dot{x},$$

also

$$w = w(x) = f^T(x)\,\big(J^T(x)\,B + BJ(x)\big)\,f(x). \tag{3.65}$$

S 3.7: Sei $f(x)$ ein in einer Umgebung $U(0)$ von $x = 0$ stetig differenzierbarer, bei $x = 0$ verschwindender Funktionsvektor mit der JACOBISCHen Matrix (D 1.5)

$$J(x) = \frac{\partial f(x)}{\partial x}, \tag{3.66}$$

bei dem für sämtliche Eigenwerte

$$\lambda_i = \alpha_i + j\beta_i \tag{3.67}$$

von

$$J_0 = J(0) \tag{3.68}$$

gilt

$$\alpha_i < 0. \tag{3.69}$$

Dann hat die autonome Differentialgleichung

$$\dot{x} = f(x) \tag{3.70}$$

eine asymptotisch stabile Ruhelage, und man erhält zu jeder vorgegebenen, streng negativ definiten symmetrischen Matrix C eine streng positiv definite, gleichmäßig kleine LJAPUNOW-Funktion

$$v = v(x) = x^T Bx \tag{3.71}$$

mit der streng negativ definiten totalen Ableitung

$$w = w(x) = 2x^T Bf(x), \qquad (3.72)$$

wobei B die eindeutig bestimmte, streng positiv definite symmetrische Lösung von

$$J_0^T B + BJ_0 = C \qquad (3.73)$$

ist.

S 3.8: Unter den Voraussetzungen von S 3.7 ist

$$v = v(x) = f^T(x)\, Bf(x) \qquad (3.74)$$

eine streng positiv definite, gleichmäßig kleine Ljapunow-Funktion mit der streng negativ definiten totalen Ableitung

$$w = w(x) = f^T(x)\, \big(J^T(x)\, B + BJ(x)\big)\, f(x). \qquad (3.75)$$

B 3.7: Bei nicht autonomen Differentialgleichungen

$$\dot{x} = f(x, t) \qquad (3.76)$$

ist auch im linearen Fall

$$\dot{x} = A(t)x \qquad (3.77)$$

die Angabe einer geeigneten Ljapunow-Funktion nicht so einfach wie bei autonomen Differentialgleichungen. Macht man hier einen (3.71) bzw. (3.74) entsprechenden Ansatz

$$v = v(x, t) = x^T B(t)\, x \qquad (3.78)$$

bzw.

$$v = v(x, t) = f^T(x, t)\, B(t)\, f(x, t), \qquad (3.79)$$

wobei $B(t)$ die eindeutig bestimmte, streng positiv definite Lösung von

$$J_0^T(t)\; B(t) + B(t)\, J_0(t) = C \qquad (3.80)$$

mit vorgegebener, streng negativ definiter symmetrischer Matrix C ist, so erhält man für die totale Ableitung $w(x, t)$ von $v(x, t)$

$$w = w(x, t) = x^T \dot{B}(t)\, x + 2x^T B(t)\, f(x, t) \qquad (3.81)$$

bzw.

$$w = w(x, t) = 2f_t{}^T(x, t)\, B(t)\, f(x, t) \qquad (3.82)$$
$$+\, f^T(x, t)\, \left(\dot{B}(t) + J^T(x, t)\, B(t) + B(t)\, J(x, t)\right) f(x, t).$$

Für die linearen Fälle (3.77) gilt speziell

$$w = w(x, t) = x^T(\dot{B}(t) + C)\, x \qquad (3.83)$$

bzw.

$$w = w(x, t) = 2x^T \dot{A}^T(t)\, B(t)\, A(t)\, x$$
$$+\, x^T A^T(t)\, \left(\dot{B}(t) + C\right) A(t)\, x. \qquad (3.84)$$

Die totalen Ableitungen sind also nur unter bestimmten Voraussetzungen, die hier nicht genannt werden können, negativ definit, z. B. wenn mit C auch $C + \dot{B}$ streng negativ definit ist [21]

B 3.8: Bei autonomen linearen Differenzengleichungen

$$\hat{x} = Ax \qquad (3.85)$$

mit asymptotisch stabiler Ruhelage macht man den gleichen Ansatz

$$v = v(x) = x^T Bx \qquad (3.86)$$

wie bei Differentialgleichungen. Für die totale Differenz (3.34) erhält man

$$w = w(x) = \hat{v}(x) = x^T(t + 1)\, Bx(t + 1) - x^T(t)\, Bx(t)$$
$$= \hat{x}^T B\hat{x} - x^T Bx,$$

also wegen (3.85)

$$w = w(x) = x^T(A^T BA - B)\, x. \qquad (3.87)$$

Wegen der asymptotischen Stabilität der Ruhelage von (3.85) gilt nach (S 3.3) für alle Eigenwerte λ_i von A

$$|\lambda_i| < 1. \tag{3.88}$$

Dann existiert zu jeder vorgegebenen, streng negativ definiten symmetrischen Matrix C eine eindeutig bestimmte, streng positiv definite symmetrische Lösung B von

$$A^T B A - B = C. \tag{3.89}$$

Mit diesem B ist (3.86) eine geeignete LJAPUNOW-Funktion. Das gilt auch für

$$v = v(x) = x^T A^T B A x \tag{3.90}$$

mit

$$w = w(x) = x^T A^T (A^T B A - B)\, A x. \tag{3.91}$$

Wie bei Differentialgleichungen (B 3.6) kann man auch bei nichtlinearen autonomen Differenzengleichungen

$$\hat{x} = f(x) \tag{3.92}$$

geeignete LJAPUNOW-Funktionen in der Form

$$v = v(x) = x^T B x \tag{3.94}$$

bzw.

$$v = v(x) = f^T(x)\, B f(x) \tag{3.95}$$

finden, wobei B Lösung von

$$J_0{}^T B J_0 - B = C \tag{3.96}$$

ist. Für die totalen Differenzen erhält man dann

$$w(x) = \hat{v}(x) = f^T(x)\, Bf(x) - x^T B x \tag{3.97}$$

bzw.

$$\begin{aligned}
w(x) = \hat{v}(x) &= f^T(\hat{x})\, Bf(\hat{x}) - f^T(x)\, Bf(x) \\
&= f^T(f(x))\, Bf(f(x)) - f^T(x)\, Bf(x). \tag{3.98}
\end{aligned}$$

Bei nichtautonomen Differenzengleichungen

$$\hat{x} = f(x, t) \tag{3.99}$$

treten ähnliche Schwierigkeiten auf wie bei nichtautonomen Differentialgleichungen (B 3.7).
Ist hier $B(t)$ die Lösung von

$$J_0^T(t)\, B(t)\, J_0(t) - B(t) = C \tag{3.100}$$

im linearen Falle

$$\hat{x} = A(t)\, x, \tag{3.101}$$

also von

$$A^T(t)\, B(t)\, A(t) - B(t) = C, \tag{3.102}$$

so sind die streng positiv definiten Funktionen

$$v = v(x, t) = x^T B(t)\, x \tag{3.103}$$

bzw.

$$v = v(x, t) = f^T(x, t)\, B(t)\, f(x, t) \tag{3.104}$$

nur unter bestimmten Voraussetzungen geeignete LJAPUNOW-Funktionen [13].
Ihre totalen Differenzen sind

$$w = w(x, t) = f^T(x, t)\, \hat{B}(t)\, f(x, t) - x^T B(t)\, x \tag{3.105}$$

bzw.

$$w = w(x, t) = \hat{f}^T(x, t)\, \hat{B}(t)\, \hat{f}(x, t) - f^T(x, t)\, B(t)\, f(x, t), \tag{3.106}$$

also im linearen Fall (3.101)

$$w = w(x, t) = x^T\big(A^T(t)\, \hat{B}(t)\, A(t) - B(t)\big)\, x \tag{3.107}$$

bzw.

$$w = w(x, t) = x^T A^T(t)\, \big(\hat{A}^T(t)\, \hat{B}(t)\, \hat{A}(t) - B(t)\big)\, A(t)\, x. \tag{3.108}$$

§ 3.9: Sei $f(x)$ ein in einer Umgebung $U(0)$ von $x = 0$ stetig differenzierbarer, bei $x = 0$ verschwindender Funktionsvektor mit der Jacobischen Matrix (D 1.5)

$$J(x) = \frac{\partial f(x)}{\partial x}, \qquad (3.109)$$

bei dem für alle Eigenwerte λ_i von

$$J_0 = J(0) \qquad (3.110)$$

gilt

$$|\lambda_i| < 1.$$

Dann hat die autonome Differenzengleichung

$$\hat{x} = f(x) \qquad (3.111)$$

eine asymptotisch stabile Ruhelage, und man erhält zu jeder vorgegebenen, streng negativ definiten symmetrischen Matrix C zwei streng positiv definite, gleichmäßig kleine Ljapunow-Funktionen

$$v_1 = v_1(x) = x^T B x \qquad (3.112)$$

und

$$v_2 = v_2(x) = f^T(x)\, Bf(x) \qquad (3.113)$$

mit streng negativ definiten totalen Differenzen

$$w_1 = w_1(x) = f^T(x)\, Bf(x) - x^T B x \qquad (3.114)$$

und

$$w_2 = w_2(x) = f^T(f(x))\, Bf(f(x)) - f^T(x)\, Bf(x), \qquad (3.115)$$

wobei B die eindeutig bestimmte, streng positiv definite symmetrische Lösung von

$$J_0{}^T B J_0 - B = C \qquad (3.116)$$

ist.

Im linearen Fall

$$\hat{x} = Ax \tag{3.117}$$

erhält man B aus der Gleichung

$$A^T BA - B = C. \tag{3.116'}$$

Die LJAPUNOW-Funktion (3.112) hat die totale Differenz

$$w_1 = w_1(x) = x^T Cx. \tag{3.114'}$$

Die LJAPUNOW-Funktion v_2 hat die Form

$$v_2 = v_2(x) = x^T A^T BAx \tag{3.113'}$$

und die totale Differenz

$$w_2 = w_2(x) = x^T A^T CAx. \tag{3.115'}$$

4. Stabilitätsbedingungen für gewöhnliche Differentialgleichungen

4.1. Die fundamentalen Stabilitätssätze der direkten Methode

B 4.1: In B 3.1 und B 3.4 wurde auf die praktische Bedeutung der direkten Methode von LJAPUNOW [22] eingegangen und ihr Grundgedanke durch geometrische Betrachtungen entwickelt. Im folgenden werden die fundamentalen Sätze der direkten Methode angegeben, ohne daß auf Beweise eingegangen wird. Diese Sätze beziehen sich auf die Stabilität der Ruhelage von Differentialgleichungen, liefern aber bereits grundlegende Erkenntnisse für entsprechende Betrachtungen bei Differenzengleichungen, partiellen Differentialgleichungen, Differential- Differenzengleichungen, dynamischen und allgemeinen Systemen.

Wir beziehen uns hier also auf Differentialgleichungen (D 1.26)

$$\dot{x} = f(x, t) \tag{4.1}$$

mit stetigem $f(x, t)$

$$f(0, t) = 0, \tag{4.2}$$

die $x = 0$ als isolierte Gleichgewichtslage besitzen.

Bei den im folgenden auftretenden LJAPUNOW-Funktionen

$$v = v(x, t) \tag{4.3}$$

setzen wir grundsätzlich voraus, daß sie stetige erste Ableitungen in einer Umgebung $U(0, t_0)$ (D 1.3) besitzen. Dann erhält man ihre totalen Ableitungen in der Form

$$w = w(x, t) = \dot{v}(x, t) = \frac{\partial v(x, t)}{\partial t} + \frac{\partial v(x, t)}{\partial x} f(x)$$

$$= v_t + v_{x_1} f_1 + v_{x_2} f_2 + \cdots + v_{x_n} f_n. \tag{4.4}$$

§ 4.1 [22]: Existiert eine streng positiv definite (D 1.6) LJAPUNOW-Funktion $v = v(x, t)$ mit nicht positiver totaler Ableitung

$$w = w(x, t) = \dot{v}(x, t) \leqq 0, \tag{4.5}$$

so ist die Ruhelage von (4.1) stabil (D 2.12).

§ 4.2 [22]: Existiert eine streng positiv definite, gleichmäßig kleine (D 1.7) LJAPUNOW-Funktion $v = v(x, t)$ mit streng negativ definiter totaler Ableitung $w = w(x, t)$, so ist die Ruhelage von (4.1) asymptotisch stabil (D 2.14).

§ 4.3 [10]: Existiert eine überall streng positiv definite, gleichmäßig große (D 1.7) und gleichmäßig kleine LJAPUNOW-Funktion $v = v(x, t)$ mit streng negativ definiter totaler Ableitung $w = w(x, t)$, so ist die Ruhelage von (4.1) asymptotisch stabil im Ganzen (D 2.14).

S 4.4 [24]: Existiert eine streng positiv definite, gleichmäßig kleine LJAPUNOW-Funktion mit negativ definiter totaler Ableitung $w = w(x, t)$, so ist die Ruhelage von (4.1) gleichmäßig stabil (D 2.13). Ist $v(x, t)$ darüber hinaus gleichmäßig groß, so ist die Ruhelage von (4.1) gleichmäßig stabil im Ganzen.

B 4.2: Sätze über die Stabilität sind aus naheliegenden Gründen wichtiger als Sätze über die Instabilität. Es werden daher im folgenden nur zwei grundlegende Instabilitätssätze der direkten Methode angegeben.

S 4.5 [22]: Existiert eine gleichmäßig kleine LJAPUNOW-Funktion mit streng negativ definiter totaler Ableitung $w = w(x, t)$ derart, daß es in jeder (noch so kleinen) Umgebung $U(0)$ Punkte x mit

$$v(x, t) < 0 \quad \text{für alle } t \geqq t_0 \tag{4.7}$$

bei hinreichend großen t_0 gibt, so ist die Ruhelage von (4.1) instabil (D 2.18). Gilt darüber hinaus (4.7) für alle x aus einer Umgebung $U(0)$, so ist die Ruhelage von (4.1) vollständig instabil (D 2.19).

S 4.6 [26]: Existiert in einer Kugelumgebung $K(r, t_0)$ (D 1.3) eine LJAPUNOW-Funktion

$$v = v(x, t) > 0 \quad \text{für } x \neq 0 \tag{4.8}$$

mit

$$\lim_{t \to \infty} v(x, t) = 0 \quad \text{gleichmäßig in } x \tag{4.9}$$

und nichtnegativer totaler Ableitung

$$w = w(x, t) \geqq 0, \tag{4.10}$$

so ist die Ruhelage von (4.1) vollständig instabil.

4.2. Die fundamentalen Sätze über die Existenz von Ljapunow-Funktionen

B 4.3: Die fundamentalen Stabilitätssätze der direkten Methode im Abschnitt 4.1 liefern zunächst nur hinreichende Bedingungen für die verschiedenen Arten der Stabilität bzw. Instabilität der Ruhelage von Differentialgleichungen. Sie lassen aber zwei für die praktische Anwendung der direkten Methode wichtige Fragen völlig offen:

1. Wie findet man eine geeignete LJAPUNOW-Funktion (Konstruktionsproblem)?

Diese Frage wurde im Abschnitt 3.2 kurz behandelt.

2. Kann man geeignete LJAPUNOW-Funktionen grundsätzlich immer finden (Existenzproblem)?

Im folgenden werden einige wichtige Aussagen zu dieser zweiten Frage gemacht. Sie stellen aber reine Existenzaussagen dar und berühren nicht die erste Frage.

S 4.7 [20]: Ist die Ruhelage von (4.1) stabil und ist der Funktionsvektor $f(x, t)$ in einer Kugelumgebung $K(r, t_0)$ nebst seinen räumlichen Ableitungen $\partial f(x)/\partial x$ (D 1.5) stetig, dann existiert in $K(r, t_0)$ eine streng positiv definite, stetig differenzierbare LJAPUNOW-Funktion $v = v(x, t)$ mit einer negativ definiten totalen Ableitung $w = w(x, t)$.

S 4.8 [20]: Ist die Ruhelage von (4.1) gleichmäßig stabil, und ist der Funktionsvektor $f(x, t)$ in einer Kugelumgebung $K(r, t_0)$ nebst seinen räumlichen Ableitungen stetig, dann existiert in jeder Kugelumgebung $K(s, t)$ mit $0 < s < r$ eine streng positiv definite, gleichmäßig kleine, stetig differenzierbare LJAPUNOW-Funktion $v = v(x, t)$ mit einer negativ definiten totalen Ableitung $w = w(x, t)$.

S 4.9 [24]: Ist die Ruhelage von (4.1) gleichmäßig asymptotisch stabil und erfüllt der Funktionsvektor $f(x, t)$ in einer Kugelumgebung $K(r, t_0)$ eine LIPSCHITZ-Bedingung

$$|f(x^1, t) - f(x^2, t)| \leqq L|x^1 - x^2| \tag{4.11}$$

für alle (x^1, t), $(x^2, t) \in K(r, t_0)$ und mit einer von x^1, x^2 und t unabhängigen LIPSCHITZ-Konstanten L. Dann existiert in $K(r, t_0)$ eine streng positiv definite, gleichmäßig kleine, beliebig oft differenzierbare LJAPUNOW-Funktion $v = v(x, t)$ mit streng negativ definiter totaler Ableitung $w = w(x, t)$.

S 4.10 [24]: Ist die Ruhelage von (4.1) gleichmäßig asymptotisch stabil im Ganzen und erfüllt $f(x, t)$ eine LIPSCHITZ-Bedingung (4.11) im Bewegungsraum, dann existiert eine streng positiv definite, gleichmäßig kleine, gleichmäßig große, beliebig oft differenzierbare LJAPUNOW-Funktion $v = v(x, t)$ mit streng negativ definiter totaler Ableitung $w = w(x, t)$.

B 4.4: Die Instabilität ist eine qualitativ weit weniger scharfe Bedingung als die Stabilität. Die Existenzsätze bezüglich der Instabilität sind daher nicht nur für die Praxis weniger wichtig, sondern auch weniger aussagekräftig. Im folgenden werden zwei solche Sätze angegeben.

S 4.11: Ist die Ruhelage von (4.1) instabil, dann existiert in einer Kugelumgebung $K(r, t_0)$ eine LJAPUNOW-Funktion $v = v(x, t)$ mit stetigen räumlichen Ableitungen derart, daß es in jeder (noch so kleinen) Umgebung $U(0)$ Punkte x gibt mit

$$v(x, t) < 0 \tag{4.12}$$

und

$$w = w(x, t) = v(x, t). \tag{4.13}$$

In dem durch (4.12) definierten Teilbereich ist $v(x, t)$ beschränkt.

S 4.12 [26]: Ist die Ruhelage von (4.1) vollständig instabil, dann existiert in einer Kugelumgebung $K(r, t_0)$ eine streng positiv definite LJAPUNOW-Funktion $v = v(x, t)$ mit

$$\lim_{t \to \infty} v(x, t) = 0 \quad \text{gleichmäßig in } x \tag{4.14}$$

und nichtnegativer totaler Ableitung

$$w = w(x, t) \geqq 0. \tag{4.15}$$

4.3. Stabilität nach der ersten Näherung

B 4.5: Bei linearen autonomen Differentialgleichungen

$$\dot{x} = Ax \qquad (4.16)$$

aber auch bei linearen nichtautonomen Differentialgleichungen

$$\dot{x} = A(t)\, x \qquad (4.17)$$

ist die Untersuchung des Stabilitätsverhaltens relativ einfach möglich (Abschnitt 3.1). Das gleiche trifft für die Konstruktion geeigneter LJAPUNOW-Funktionen zu (Abschnitt 3.2).

Bei vielen praktischen Problemen läßt $f(x)$ bzw. $f(x, t)$ in nichtlinearen autonomen Differentialgleichungen

$$\dot{x} = f(x) \qquad (4.18)$$

bzw. in nichtautonomen Differentialgleichungen

$$\dot{x} = f(x, t) \qquad (4.19)$$

eine Reihenentwicklung zu (S 1.2). Dann nimmt (4.18) bzw. (4.19) die folgende Gestalt an:

$$\dot{x} = Ax + g(x) \qquad (4.20)$$

bzw.

$$\dot{x} = A(t)\, x + g(x, t) \qquad (4.21)$$

mit

$$A = J_0 = J(0) \qquad (4.22)$$

bzw.

$$A(t) = J_0(t) = J(0, t). \qquad (4.23)$$

Dabei ist $J(x)$ bzw. $J(x, t)$ die zu $f(x)$ bzw. $f(x, t)$ gehörende JACOBISche Matrix (D 1.5)

$$J(x) = \frac{\partial f(x)}{\partial x}, \quad J(x, t) = \frac{\partial f(x, t)}{\partial x}, \qquad (4.24)$$

7*

und $g(x)$ bzw. $g(x, t)$ enthalten nur Glieder von zweiter und höherer Ordnung in den x_i.

Die linearen Differentialgleichungen (4.16) und (4.17) können also als Näherungen der nichtlinearen Differentialgleichungen (4.20) und (4.21) angesehen werden. Die durch Verkürzung aus den Differentialgleichungen (4.20) bzw. (4.21) hervorgegangenen linearen Differentialgleichungen (4.16) bzw. (4.17) nennt man dann Differentialgleichungen der ersten Näherung. Es soll im folgenden die Frage geklärt werden, ob man aus dem Stabilitätsverhalten der linearisierten Gleichungen (4.16) und (4.17) auf das gleiche Stabilitätsverhalten der gestörten Gleichungen (4.20) und (4.21) schließen kann. Ferner soll geprüft werden, wann eine für (4.16) bzw. (4.17) geeignete LJAPUNOW-Funktion auch für (4.20) bzw. (4.21) geeignet ist. Auf diese Fragen wurde bereits im Abschnitt 3.2. kurz eingegangen.

Wir wollen die gleichen Fragen dann etwas allgemeiner stellen und untersuchen, wie man vom Stabilitätsverhalten einer nicht notwendig linearen Differentialgleichung (4.18) bzw. (4.19) auf das Stabilitätsverhalten der gestörten Differentialgleichung

$$\dot{x} = f(x) + g(x) \tag{4.25}$$

bzw.

$$\dot{x} = f(x, t) + g(x, t) \tag{4.26}$$

schließen kann und ob eine für (4.18) bzw. (4.19) geeignete LJAPUNOW-Funktion auch für (4.25) bzw. (4.26) geeignet ist.

Abschließend soll noch auf das Problem eingegangen werden, wo nicht mehr $g(0) = 0$ bzw. $g(0, t) = 0$ gilt. Das führt zum Begriff der totalen Stabilität. Dieses Problem ist deshalb von großer praktischer Bedeutung, weil die in Differentialgleichungen auftretenden Parameter meist geschätzt und mit Fehlern behaftet sind, und daher $g = 0$ nur näherungsweise gilt.

§ 4.13 [22]: Zeigt die Differentialgleichung der ersten Näherung (4.16) prägnantes Verhalten (D 1.23), so hat die Ruhelage der gestörten Differentialgleichung (4.20) das gleiche Stabilitätsverhalten wie die Ruhelage der verkürzten Gleichung (4.16).

S 4.14 [1, 11]: Die Ruhelage der zu (4.20) gehörenden Differentialgleichung der ersten Näherung (4.16) sei asymptotisch stabil und

$$v = v(x) = x^T B x \qquad (4.27)$$

eine zu (4.16) gehörende streng positiv definite LJAPUNOW-Funktion mit der streng negativ definiten totalen Ableitung

$$w = w(x) = x^T C x \qquad (4.28)$$

mit (S 3.5)

$$C = A^T B + B A. \qquad (4.29)$$

Sei weiter H die Menge aller Matrizen

$$G = (g_{ij}), \qquad (4.30)$$

für die

$$D = C + G^T B + B G \qquad (4.31)$$

streng negativ definit ist. Dann hat auch

$$\dot{x} = (A + G)\, x \qquad (4.32)$$

eine asymptotisch stabile Ruhelage und (4.27) ist eine geeignete LJAPUNOW-Funktion mit der totalen Ableitung bezüglich (4.32)

$$w = w(x) = x^T D x. \qquad (4.33)$$

Bezeichnet man die Zeilenvektoren von G mit g^i, $i = 1$, $2, \ldots, n$, und existieren zwei Matrizen

$$\overline{G} \in H, \quad \overline{\overline{G}} \in H \qquad (4.34)$$

derart, daß die Elemente des Vektors $g(x)$ in (4.20) durch

$$\overline{g}^i x \leqq g_i(x) \leqq \overline{\overline{g}}^i x \quad \text{oder} \quad \overline{\overline{g}}^i x \leqq g_i(x) \leqq \overline{g}^i x \qquad (4.35)$$

abgeschätzt werden können, dann ist auch die Ruhelage von (4.20) asymptotisch stabil und (4.27) ist eine geeignete LJAPUNOW-Funktion für (4.20) mit der streng negativ definiten totalen Ableitung

$$w = w(x) = x^T C x + 2 x^T B g(x). \qquad (4.36)$$

S 4.15 [17]: Zeigt die Differentialgleichung der ersten Näherung (4.17) intensives Verhalten (D 2.22), so hat die Ruhelage der gestörten Differentialgleichung (4.21) das gleiche Stabilitätsverhalten wie die Ruhelage der verkürzten Gleichung (4.17).

S 4.16 [17]: Zeigt die Ruhelage der (nicht notwendig linearen) Differentialgleichung (4.19) intensives Verhalten und existieren hinreichend kleine Zahlen $a > 0$, $r > 0$ derart, daß

$$|g(x, t)| < a|x| \quad \text{für} \quad |x| < r, \quad t \geqq t_0 \qquad (4.37)$$

gilt, dann hat die Ruhelage der gestörten Differential-gleichung (4.26) das gleiche Stabilitätsverhalten wie die Ruhelage von (4.19).

D 4.1: Die Ruhelage von (4.19) heißt *total stabil*, wenn zu jedem (noch so kleinen) $\varepsilon > 0$ zwei Zahlen $\delta_1(\varepsilon) > 0$, $\delta_2(\varepsilon) > 0$ derart existieren, daß für alle Lösungen

$$x = x(t) = x(x^0, t_0, t) \qquad (4.38)$$

von (4.26) aus

$$|x^0| < \delta_1(\varepsilon) \qquad (4.39)$$

und

$$|g(x, t)| < \delta_2(\varepsilon) \quad \text{für} \quad (x, t) \in K(\varepsilon, t_0) \qquad (4.40)$$

folgt

$$|x(x^0, t_0, t)| < \varepsilon. \qquad (4.41)$$

S 4.17: Ist die Ruhelage von (4.19) gleichmäßig asymptotisch stabil, so ist sie auch total stabil.

S 4.18: Existiert in einer Kugelumgebung $K(r, t_0)$ eine streng positiv definite LJAPUNOW-Funktion $v = v(x, t)$ mit beschränkten räumlichen Ableitungen $\partial(x, t)/\partial x$, deren totale Ableitung $w = w(x, t)$ bezüglich (4.19) streng negativ definit ist, dann ist die Ruhelage von (4.19) total stabil.

4.4. Einzugsgebiete

B 4.6: Wir betrachten hier nur autonome Differential-gleichungen

$$\dot{x} = f(x) \tag{4.42}$$

mit asymptotisch stabiler Ruhelage (D 2.14). Eine gestörte Bewegung

$$x = x(t) = x(x^0, t_0, t) \tag{4.43}$$

braucht nur dann für $t \to \infty$ in die Ruhelage zurückzukehren, wenn die Anfangsstörung x^0 hinreichend klein war. In der Praxis ist aber gerade die möglichst genaue Kenntnis des Einzugsbereichs E der Ruhelage (D 2.14), von dem solche Bewegungen ausgehen, notwendig. Erwünscht ist auch die Kenntnis des Abstoßbereichs A, von dem aus Bewegungen nicht zur Ruhelage zurückkehren. Der Bereich S, der E und A trennt, heißt Separatrixbereich. Existiert nun eine im gesamten Phasenraum R^n streng positiv definite, gleichmäßig kleine, gleichmäßig große LJAPUNOW-Funktion $v = v(x)$ mit streng negativ definiter totaler Ableitung $w = w(x)$ $= \dot{v}(x)$, dann liegt nach S 4.3 asymptotische Stabilität im Ganzen vor und der Einzugsbereich E der Ruhelage ist der gesamte R^n. Im allgemeinen gibt es jedoch Punkte $x \neq 0$ mit $w(x) \geq 0$. Dann kann man nur die folgende Aussage machen: Liegt die Hyperfläche $v(x) = c$ ganz im Gebiet $w(x) < 0$ ($x = 0$ wird zu diesem Gebiet gerechnet, obwohl dort $w(x) = 0$ ist), dann gehört der Bereich $v(x) \leq c$ sicher zum Einzugsbereich E. Liegt die Hyperfläche $v(x) = d$ ganz im Gebiet $w(x) > 0$, dann liegt der Bereich $v(x) \geqq d$ sicher im Abstoßbereich A. Der Separatrixbereich S liegt sicher im Gebiet $c < v(x) < d$.

S 4.19: Sei $v(x)$ eine in einer Umgebung $U(0)$ streng positiv definite, gleichmäßig kleine, gleichmäßig große LJAPUNOW-Funktion mit streng negativ definiter totaler Ableitung

$$w = w(x) = \dot{v}(x) = \frac{\partial v(x)}{\partial x} \, f(x). \qquad (4.44)$$

Sei weiter

$$W_- = \{x : x = 0, \quad w(x) < 0\} \qquad (4.45)$$

die Menge aller Punkte x, für die $w(x) < 0$ gilt und die zusätzlich $x = 0$ enthält und entsprechend

$$W_+ = \{x : w(x) > 0\}. \qquad (4.46)$$

Wählt man dann zwei positive Zahlen c und d so, daß die Hyperfläche $v(x) = c$ ganz zu W_- und die Hyperfläche $v(x) = d$ ganz zu W_+ gehört,

$$\{v(x) = c\} \subseteq W_-, \quad \{v(x) = d\} \subseteq W_+, \qquad (4.47)$$

dann liegt der Bereich

$$E_c = \{x : v(x) \leqq c\} \qquad (4.48)$$

ganz im Einzugsbereich E und der Bereich

$$A_d = \{x : v(x) \geqq d\} \qquad (4.49)$$

ganz im Abstoßbereich A der Ruhelage von (4.42). Der Separatrixbereich S der Ruhelage von (4.42) liegt im Bereich

$$S_{c,d} = \{x : c < v(x) < d\}. \qquad (4.50)$$

Es gilt also (Abb. 4.1)

$$E_c \subseteq E, \quad A_d \subseteq A, \quad S \subseteq S_{c,d}. \qquad (4.51)$$

B 4.7: Auf der Grundlage von S 4.19 können im allgemeinen der Einzugsbereich E, der Abstoßbereich A und der Separatrixbereich S nicht genau angegeben werden. Man kann aber diese Bereiche wenigstens insoweit optimal

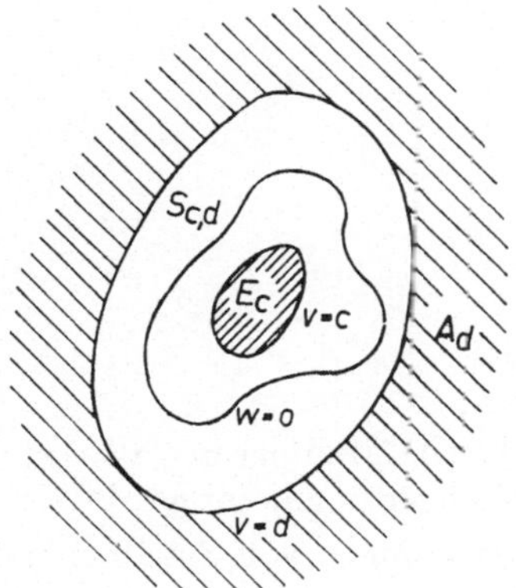

Abb. 4.1. Einzugsbereich

durch E_c, A_d und $S_{c,d}$ abschätzen, wie es die zugrundegelegte LJAPUNOW-Funktion $v(x)$ zuläßt. Man wählt dazu c so groß wie möglich und d so klein wie möglich, ohne (4.47) zu verletzen.

$$c_{\max} = \sup \{c/E_c \subseteq W-\}, \qquad (4.52)$$

$$d_{\min} = \inf \{d/A_d \subseteq W+\}. \qquad (4.53)$$

Die Bereiche $E_{\max} = E_{c_{\max}}$, $A_{\max} = A_{d_{\min}}$, $S_{\min} = S_{c_{\max}d_{\min}}$ werden dann quasioptimaler Einzugs-, Abstoß und Separatrixbereich genannt (Abb. 4.2.).

Die Optimierungsprobleme (4.52) und (4.53) können auch auf die Bestimmung der Punkte $\hat{x}^1$ und $\hat{x}^2$ zurückgeführt werden, in denen die Hyperflächen $v(x) = c_{\max}$ und $v(x) = d_{\min}$ die Hyperfläche $w(x) = 0$, $x \neq 0$ berühren (Abb. 4.2). Man hat dabei zu berücksichtigen, daß man $\hat{x}^1$ nicht etwa durch Maximierung von $v(x)$ im Bereich

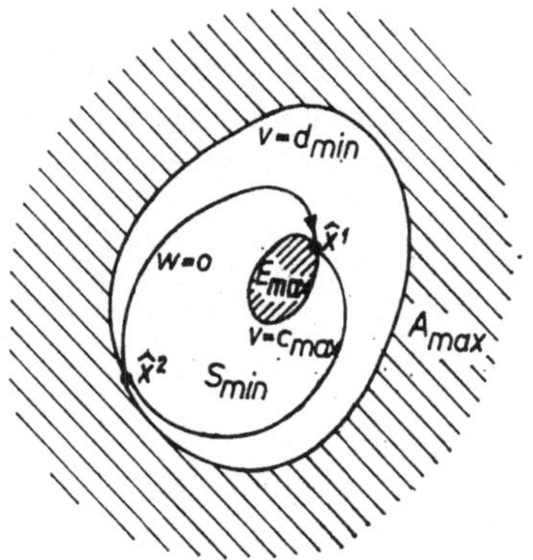

Abb. 4.2. Quasioptimaler Einzugsbereich

$w(x) \leqq 0$ erhält, sondern durch Minimierung von $v(x)$ im Bereich $w(x) \geqq 0$. Entsprechendes gilt für $\hat{x}^2$.

S 4.20: Es mögen die Voraussetzungen von S 4.19 erfüllt sein. Sei $\hat{x}^1$ eine Lösung von

$$v(x) = \min!, \tag{4.54}$$

$$w(x) \geqq 0, \quad x \neq 0, \tag{4.55}$$

und $\hat{x}^2$ eine Lösung von

$$v(x) = \max!, \tag{4.56}$$

$$w(x) \leqq 0. \tag{4.57}$$

Sei weiter

$$c_{\max} = v(\hat{x}^1), \quad d_{\min} = v(\hat{x}^2). \tag{4.58}$$

Dann sind durch

$$E_{\max} = E_{c_{\max}} \tag{4.59}$$

$$A_{\max} = A_{d_{\min}} \tag{4.60}$$

$$S_{\min} = S_{c_{\max}d_{\min}} \tag{4.61}$$

der quasioptimale Einzugs-, Abstoß- und Separatrixbereich gegeben.

B 4.8: Die Optimierungsprobleme (4.54), (4.55) und (4.56), (4.57) sind nichtlinear und erfordern daher im allgemeinen eine iterative Lösung mit Suchschrittverfahren. Diese Verfahren konvergieren aber bei den hier vorliegenden, im allgemeinen nichtkonvexen Problemen möglicherweise nur gegen ein relatives Optimum. Man benötigt aber unbedingt die absoluten Optima. Daher wird hier folgender Weg vorgeschlagen:

1. Man wählt einen Startpunkt x^0 aus W_+ und ermittle mit einem Suchschrittverfahren eine (möglicherweise nur relativ) optimale Lösung x^1 von (4.54), (4.55).

2. Man überprüfe mit einem stochastischen Suchverfahren, ob auf $v(x) = v(x^1)$ ein Punkt y existiert mit $w(y) > 0$. Existiert ein solcher Punkt, dann wählt man ihn als neuen Startpunkt x^0 und wiederholt das Verfahren solange, bis kein solches y mehr gefunden wird.

Entsprechend verfährt man bei der Lösung des Optimierungsproblems (4.56), (4.57).

Die Ruhelage des Differentialgleichungssystems

$$\dot{x}_1 = -x_1 + x_1{}^3/4, \quad \dot{x}_2 = -x_2 + x_2{}^3 \qquad (4.62)$$

bzw.

$$\dot{x} = -x + g(x) \qquad (4.63)$$

ist wegen S 4.13 sicher asymptotisch stabil und wegen S 4.14 ist

$$v = v(x) = x^T x \qquad (4.64)$$

eine geeignete LJAPUNOW-Funktion.

Die Lösung von (4.62) kann in geschlossener Form angegeben werden:

$$x_1 = x_1{}^0\{(1 - (x_1{}^0)^2/4)\, e^{2t} + (x_1{}^0)^2/4\}^{-1/2}, \qquad (4.65)$$

$$x_2 = x_2{}^0\{(1 - (x_2{}^0)^2)\, e^{2t} + (x_2{}^0)^2\}^{-1/2}. \qquad (4.66)$$

Daher ist der Einzugsbereich E der Ruhelage das Innere des in Abb. 4.3 dargestellten Rechteckes. Das Rechteck selbst ist der Separatrixbereich S und das Äußere des Rechtecks der Abstoßbereich A. Wir wollen aber hier von dieser Kenntnis keinen Gebrauch machen und quasioptimale Gebiete $E_{\max}$, $A_{\max}$, $S_{\min}$ nach der o. a. Methode ermitteln.

Die totale Ableitung von (4.64) ist

$$w = w(x) = -2x_1{}^2 + x_1{}^4/4 - 2x_2{}^2 + 2x_2{}^4. \qquad (4.67)$$

Die Kurve $w(x) = 0$ ist in Abb. 4.4 dargestellt, die Kurven $v(x) = \text{const}$ stellen Kreise dar.

Die in Abb. 4.4 dargestellten quasioptimalen Bereiche approximieren die exakten Bereiche nur grob. Bessere Ergebnisse kann man mit der Ljapunow-Funktion

$$v = v(x) = \frac{x_1{}^2}{4} + x_2{}^2 \qquad (4.68)$$

erzielen.

Die Ergebnisse sind in Abb. 4.5 dargestellt. Sie approximieren die wahren Verhältnisse schon wesentlich besser.

Wählt man die Ljapunow-Funktion

$$v = v(x) = \frac{x_1{}^{2n}}{2^{2n}} + x_2{}^{2n}, \qquad (4.69)$$

so treten qualitativ die gleichen Verhältnisse auf wie in Abb. 4.5, allerdings approximieren die Kurven $v(x) = c_{\max}$ und $v(x) = d_{\min}$ das Rechteck für $n \to \infty$ beliebig genau. Ein wenigstens theoretisches Ergebnis zur exakten Bestimmung des Einzugsbereichs E liefert der folgende Satz.

S 4.21 [8]: Notwendig und hinreichend dafür, daß ein offener Bereich E mit dem Rand S der exakte Einzugsbereich der Ruhelage von (4.42) ist, ist die Existenz einer im gesamten Phasenraum stetigen und streng negativ definiten Funktion $w(x)$ und einer in E streng positiv definiten Ljapunow-Funktion $v(x)$ mit folgenden Eigen-

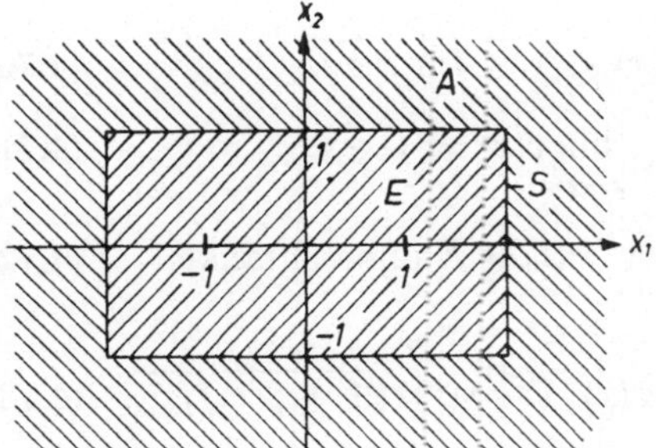

Abb. 4.3. Exakter Einzugsbereich von (4.62)

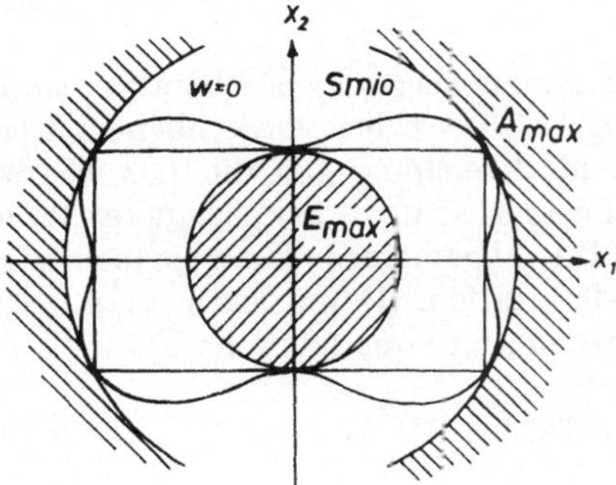

Abb. 4.4. Quasioptimaler Einzugsbereich bezüglich (4.64)

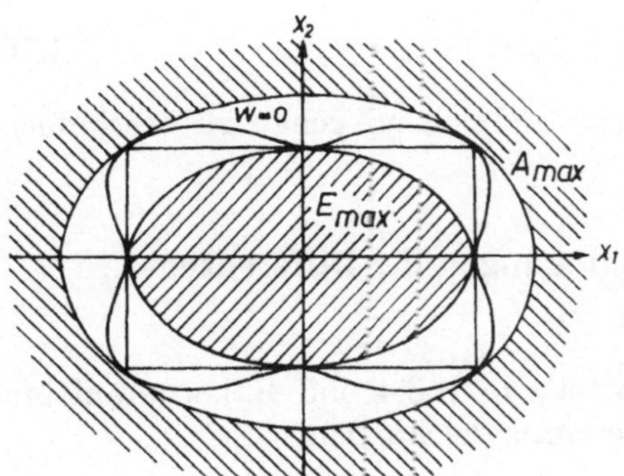

Abb. 4.5. Quasioptimaler Einzugsbereich bezüglich (4.68)

schaften:

$$v(x) < 1, \quad \text{für } x \in E, \tag{4.70}$$

$$\lim_{x \to y \in s} v(x) = 1, \tag{4.71}$$

$$\lim_{|x| \to \infty} v(x) = 1 \quad (\text{falls } E \text{ unbeschränkt}), \tag{4.72}$$

$$\dot{v}(x) = \frac{\partial v(x)}{\partial x} f(x) = w(x) \{1 - v(x)\} \sqrt{1 + f^T(x) f(x)}. \tag{4.73}$$

Durch

$$v(x) = 1 \tag{4.74}$$

ist die Grenze S des Einzugsbereichs E charakterisiert.
B 4.9: Die Beziehung (4.73) ist bei vorgegebenem $w(x)$
eine partielle Differentialgleichung für die LJAPUNOW-
Funktion $v(x)$. Ihre Lösung ist u. U. bei geeigneter Wahl
von $w(x)$ möglich. Im allgemeinen kann jedoch $v(x)$
nicht exakt ermittelt werden. Dann kann man $w(x)$
z. B. als streng negativ definite quadratische Form

$$w(x) = x^T C x \tag{4.75}$$

wählen und für $v(x)$ eine Reihe nach Formen i-ter Ordnung $v_i(x)$ ansetzen,

$$v(x) = v_2(x) + v_3(x) + \cdots, \tag{4.76}$$

um (4.73) wenigstens hinreichend genau zu bestimmen.

5. Stabilitätsbedingungen für Differenzen-gleichungen

B 5.1: Es wurde bereits in **B 3.4** und **B 3.8** darauf hingewiesen, daß Differenzengleichungen

$$\hat{x} = f(x, t) \tag{5.1}$$

im wesentlichen mit den gleichen Methoden behandelt werden wie Differentialgleichungen. Die Sätze des Abschnitts 4 über die Stabilität und Instabilität der Ruhelage von Differentialgleichungen sowie über die Stabilität nach der ersten Näherung und über Einzugsbereiche können im wesentlichen auf Differenzengleichungen übertragen werden. Die Aussagen gelten dann nur für $t = t_0, t_0 + 1, t_0 + 2, \ldots$ und an die Stelle der totalen Ableitung $w = \dot{v}$ tritt die totale Differenz

$$w = w(x, t) = \hat{v}(x, t) = v\big(x(t + 1), t + 1\big) - v\big(x(t), t\big) \quad (5.2)$$

der LJAPUNOW-Funktion $v(x, t)$.

Es sollen daher hier nur einige Stabilitätssätze für Differenzengleichungen angegeben werden.

§ 5.1: Existiert eine streng positiv definite LJAPUNOW-Funktion $v = v(x, t)$ mit nichtpositiver totaler Differenz

$$w = w(x, t) = \hat{v}(x, t) \leqq 0, \quad (5.3)$$

so ist die Ruhelage von (5.1) stabil.

§ 5.2: Existiert eine streng positiv definite, gleichmäßig kleine LJAPUNOW-Funktion $v = v(x, t)$ mit streng negativ definiter totaler Differenz $w = w(x, t)$, so ist die Ruhelage von (5.1) asymptotisch stabil.

§ 5.3: Existiert eine gleichmäßig kleine LJAPUNOW-Funktion $v = v(x, t)$ mit streng negativ definiter totaler Ableitung $w = w(x, t)$ derart, daß es in jeder (noch so kleinen) Kugelumgebung $K(r, t_0)$ (mindestens) einen Punkt x mit

$$v(x, t) < 0 \quad \text{für } t = t_0, t_0 + 1, \ldots \quad (5.4)$$

gibt, dann ist die Ruhelage von (5.1) instabil. Gilt (5.4) für alle $x \in K(r, t)$, dann ist die Ruhelage von (5.1) vollständig instabil.

§ 5.4: Zeigt die Differenzengleichung der ersten Näherung

$$\hat{x} = A(t)\,x \quad (5.5)$$

intensives Verhalten, dann hat die Ruhelage von (5.5) das gleiche Stabilitätsverhalten wie die Ruhelage der gestörten Gleichung

$$\hat{x} = A(t)\,x + g(x, t). \tag{5.6}$$

6. Stabilitätsbedingungen für dynamische Systeme

B 6.1: Es wurde bereits in den Abschnitten 1.7. und 2.3. sowie an anderer Stelle auf die Bedeutung der dynamischen Systeme für die Anwendung der direkten Methode hingewiesen. Die Stabilitätsbedingungen, die hier als notwendige und hinreichende Bedingungen formuliert werden können, unterscheiden sich doch etwas von den Stabilitätsbedingungen für Differential- und Differenzengleichungen, weil hier an die Stelle der Ruhelage $x = 0$ eine invariante Menge M tritt.

S 6.1: Notwendig und hinreichend für die Stabilität der invarianten Menge M eines dynamischen Systems $y = y(x, t)$ ist die Existenz einer in einer Umgebung $U(M, r)$ erklärten LJAPUNOW-Funktion $v = v(x)$ mit folgenden Eigenschaften:

1. Zu jedem hinreichend kleinen $\varepsilon > 0$ existiert ein $\delta = \delta(\varepsilon) > 0$ derart, daß

$$v(x) > \delta(\varepsilon) \tag{6.1}$$

für alle $x \in U(M, r)$ mit

$$\varrho(x, M) > \varepsilon \tag{6.2}$$

gilt (strenge positive Definitheit).

2. Zu jedem hinreichend kleinen $\sigma > 0$ existiert ein $\tau = \tau(\sigma)$ derart, daß

$$v(x) < \sigma \tag{6.3}$$

für alle $x \in U(M, r)$ mit

$$\varrho(x, M) < \tau(\sigma) \qquad (6.4)$$

gilt (gleichmäßig klein).

3. $v(y(x, t))$ nimmt für $t \geqq 0$ nicht zu für $y(x, t) \in U(M, r)$.

S 6.2: Notwendig und hinreichend für die asymptotische Stabilität der invarianten Menge M des dynamischen Systems $y = y(x, t)$ ist die Existenz einer LJAPUNOW-Funktion $v = v(x)$, die neben den Bedingungen von S 6.1 noch die folgende erfüllt:

4. $\lim\limits_{t \to \infty} v(y(x, t)) = 0$ $\qquad (6.5)$

für $y(x, t) \in U(M, r)$.

S 6.3: Notwendig und hinreichend für die gleichmäßige asymptotische Stabilität der invarianten Menge M des dynamischen Systems $y = y(x, t)$ ist die Existenz einer LJAPUNOW-Funktion $v = v(x)$, die neben den Bedingungen von S 6.2 noch die folgende erfüllt:

5. Die 4. Bedingung (6.5) gilt gleichmäßig bezüglich

$$x \in U(M, r_1) \subseteq U(M, r).$$

S 6.4: Notwendig und hinreichend für die Instabilität der invarianten Menge M eines dynamischen Systems $y = y(x, t)$ ist die Existenz einer in $U(M, r)$ erklärten beschränkten LJAPUNOW-Funktion $v = v(x)$ mit folgenden Eigenschaften:

1. In jeder beliebig kleinen Umgebung $U(M, \varepsilon)$ gibt es Punkte x mit

$$v(x) > 0 \qquad (6.6)$$

(Indefinitheit oder positive Definitheit).

2. Für alle $x \in U(M, r)$ gilt

$$\dot{v}(x) = \delta v(x) + w(x) = \lim\limits_{t \to +0} \frac{v(y(x, t) - v(x))}{t} \qquad (6.7)$$

mit $\delta > 0$ und

$$w(x) \geqq 0 \quad \text{für } x \in U(M, r). \tag{6.8}$$

B 6.2: Der Einzugsbereich der invarianten Menge M eines dynamischen Systems $y = y(x, t)$ ist entsprechend zu definieren wie bei Differentialgleichungen. Es gilt dann der folgende, S 4.21 entsprechende Satz über den exakten Einzugsbereich.

S 6.5: Notwendig und hinreichend dafür, daß eine offene invariante Menge E des dynamischen Systems $y = y(x, t)$ mit dem Rande S, die die abgeschlossene invariante Menge M nebst einer gewissen Umgebung enthält, der exakte Einzugsbereich der invarianten Menge M ist, ist die Existenz einer im gesamten Phasenraum stetigen und streng negativ definiten Funktion $w(x)$

$$w(x) = 0 \quad \text{für } x \in M, \tag{6.9}$$

$$w(x) < 0 \quad \text{für } \varrho(x, M) > 0, \tag{6.10}$$

und einer in E stetigen und streng positiv definiten LJAPUNOW-Funktion $v = v(x)$ mit folgenden Eigenschaften:

1. $0 < v(x) < 1 \quad \text{für } x \in E, \quad x \notin M. \tag{6.11}$

2. $\lim\limits_{\varrho(x,M)\to 0} v(x) = 0, \qquad \lim\limits_{\varrho(x,M)\to 0} w(x) = 0. \tag{6.12}$

3. $\lim\limits_{x \to y \in S} v(x) = 1. \tag{6.13}$

4. Zu jedem hinreichend kleinen $\varepsilon > 0$ existieren ein $\delta_1(\varepsilon) > 0$ und ein $\delta_2(\varepsilon) > 0$ derart, daß

$$v(x) > \delta_1(\varepsilon), \quad w(x) < -\delta_2(\varepsilon) \tag{6.14}$$

für alle x mit

$$\varrho(x, M) \geqq \varepsilon \tag{6.15}$$

gilt.

5. $\dot{v}(x) = w(x)\,\{1 - v(x)\} \quad \text{für } t = 0. \tag{6.16}$

7.   Stabilitätsbedingungen für partielle Differentialgleichungen

B 7.1: Wir betrachten hier Systeme von partiellen Differentialgleichungen (D 1.38)

$$x_t = f(t, u, x, x_u, x_{u^2}, \dots x_{u^k}) \qquad (7.1)$$

mit stetigen und hinreichend oft differenzierbaren Lösungen

$$x = x(u, t) = x(x^0, t_0, t), \qquad (7.2)$$

die außer von der Zeit t und den Raumkoordinaten $u_1, \dots, u_m$ noch von der Vektorfunktion $x^0(u)$ aus der Anfangsbedingung

$$x(u, 0) = x^0(u) \qquad (7.3)$$

abhängen. Diese Lösung definiert eine allgemeine Bewegung (D 1.37). Daher gelten für die Stabilität ihrer Ruhelage

$$x(0, t_0, t) = 0 \qquad (7.4)$$

die Definitionen des Abschnitts 2.2. bezüglich von D-Gleichungen (D 2.11).

Bei der Übertragung der direkten Methode von LJAPUNOW auf partielle Differentialgleichungen treten dann LJAPUNOW-Funktionale an die Stelle von LJAPUNOW-Funktionen.

Die Ruhelage einer partiellen Differentialgleichung kann aber auch als invariante Menge eines durch die Lösung (7.2) definierten allgemeinen Systems (D 1.39, S 1.12) aufgefaßt werden. Damit sind die Sätze über die invariante Menge eines allgemeinen Systems, die im Abschnitt 8 zusammengestellt werden und notwendigen und hinreichenden Charakter tragen, unmittelbar auf partielle Differentialgleichungen übertragbar. Im folgenden sollen einige wichtige Stabilitätsbedingungen der direkten Methode angegeben werden.

8*

S 7.1: Notwendig und hinreichend für die Stabilität der Ruhelage von (7.1) ist die Existenz eines in einer Umgebung $U(0, t_0)$ erklärten LJAPUNOW-Funktionals $v = v(x, t)$ mit folgenden Eigenschaften:

1. $v(x, t) \geqq 0$ (positive Definitheit). $\hspace{2cm}$ (7.5)

2. Zu jedem hinreichend kleinen $\varepsilon > 0$ existiert ein $\delta = \delta(\varepsilon) > 0$ derart, daß

$$v(x, t) > \delta(\varepsilon), \quad t \geqq t_0 \tag{7.6}$$

für alle x mit

$$\|x\| > \varepsilon \tag{7.7}$$

gilt (strenge Definitheit).

3. $\lim\limits_{\|x\| \to 0} v(x, t) = 0$ gleichmäßig in t. $\hspace{1.5cm}$ (7.8)

4. $v\big(x(x^0, t_0, t), t\big)$ ist nicht zunehmend mit t.

S 7.2: Notwendig und hinreichend für die asymptotische Stabilität der Ruhelage von (7.1) ist neben den Bedingungen von S 7.1 noch die folgende:

5. $\lim\limits_{t \to \infty} v\big(x(x^0, t_0, t), t\big) = 0.$ $\hspace{2cm}$ (7.9)

S 7.3: Notwendig und hinreichend für die gleichmäßige asymptotische Stabilität der Ruhelage von (7.1) ist neben den Bedingungen von S 7.2 noch die folgende:

6. $\lim\limits_{t - t_0 \to \infty} v\big(x(x^0, t_0, t), t\big) = 0,$ gleichmäßig in t_0. $\hspace{0.5cm}$ (7.10)

B 7.2: Die 4. Bedingung in S 7.1 steht hier für die bei Differentialgleichungen übliche Forderung nach nichtpositiver totaler Ableitung von $v(x, t)$.

Existieren in einer Umgebung $U(0, t_0)$ zwei Funktionale $v(x, t)$ und $w(x, t)$, die die Bedingungen 1 bis 3 von S 7.1 erfüllen, und gilt

$$\dot{v}(x, t) = -w(x, t) \tag{7.11}$$

bzw.

$$\dot{v}\big(x(x^0, t_0, t), t\big) = -w\big(x(x^0, t_0, t), t\big), \tag{7.11'}$$

so liegt gleichmäßige asymptotische Stabilität der Ruhelage von (7.1) vor. Diese Bedingung ist aber nur hinreichend und nicht notwendig.

B 7.3: Die Konstruktion geeigneter LJAPUNOW-Funktionale sowie von Einzugsbereichen stößt bei partiellen Differentialgleichungen auf erheblich größere Schwierigkeiten als bei gewöhnlichen Differentialgleichungen. Eine mögliche Vorgehensweise zeigt das folgende Beispiel, bei dem nur eine Ortskoordinate u auftritt:

$$x_t = Qx_{uu} + A(u)\, x \qquad (7.17)$$

mit

$$x = (x_1, x_2, \ldots, x_n)^T, \qquad (7.18)$$

$$Q = \begin{pmatrix} q_1 & & \bigcirc \\ & q_2 & \\ \bigcirc & & q_n \end{pmatrix} \qquad (7.19)$$

und einer beliebigen (n, n)-Matrix

$$A(u) = \big(a_{ij}(u)\big). \qquad (7.20)$$

Die Lösung $x = x(u, t)$ von (7.12) wird im Bereich

$$0 \leq u \leq 1, \quad t \geq 0 \qquad (7.21)$$

gesucht. Die Randbedingungen lauten

$$x_u(0, t) = 0, \quad x(1, t) = 0. \qquad (7.22)$$

Das LJAPUNOW-Funktional setzen wir in der Form

$$v(x) = (1/2) \int_0^1 x^T B x \, du \qquad (7.23)$$

mit einer streng positiv definiten symmetrischen Matrix B an. Die Ruhelage von (7.17) ist asymptotisch stabil, wenn

$$w(x) = \dot{v}(x) = \int\limits_0^1 x^T B x_t \, \mathrm{d}u \qquad (7.24)$$

streng negativ definit ist. Um das zu überprüfen, setzt man zunächst (7.17) in (7.24) ein:

$$w(x) = \int\limits_0^1 x^T B Q x_{uu} \, \mathrm{d}u + \int\limits_0^1 x^T C x \, \mathrm{d}u \qquad (7.25)$$

mit

$$C = C(u) = (1/2) \left(A^T(u)\, B + B A(u) \right). \qquad (7.26)$$

Das erste Integral in (7.25) kann durch partielle Integration unter Berücksichtigung der Randbedingungen (7.22) auf die Form

$$\int\limits_0^1 x^T B Q x_{uu} \, \mathrm{d}u = - \int\limits_0^1 x_u{}^T \tilde{B} x_u \, \mathrm{d}u \qquad (7.27)$$

mit

$$\tilde{B} = (1/2)\,(BQ + QB) \qquad (7.28)$$

gebracht werden. Beim zweiten Integral in (7.25) wird zunächst der Integrand abgeschätzt durch

$$x^T C x \leqq x^T \tilde{C} x \qquad (7.29)$$

mit

$$\tilde{c}_{ii} = |c_{i1}| + |c_{i2}| + \cdots + |c_{ii-1}| + c_{ii} + |c_{ii+1}| + \cdots$$
$$+ \cdots + |c_{in}|, \qquad (7.30)$$
$$\tilde{c}_{ij} = 0 \quad \text{für } i \neq j.$$

Es gilt wegen (7.22)

$$x_i = - \int\limits_x^1 x_{iu} \, \mathrm{d}u \qquad (7.31)$$

und daher (SCHWARZsche Ungleichung)

$$x_i{}^2 \leqq \left(\int\limits_x^1 x_{iu}{}^2 \, du \right) \cdot \left(\int\limits_x^1 du \right) \leqq (1 - u) \int\limits_x^1 x_{iu}{}^2 \, du,$$

also

$$x_i{}^2 \leqq (1 - u) \int\limits_0^1 x_{iu}{}^2 \, du. \qquad (7.32)$$

Sei nun U_i der Teilbereich von $0 \leqq u \leqq 1$ mit nicht-negativem c_{ii}

$$U_i = \{ u : 0 \leqq u \leqq 1, \quad \tilde{c}_{ii}(u) \geqq 0 \}. \qquad (7.33)$$

Dann gilt wegen (7.32)

$$\int\limits_0^1 \tilde{c}_{ii}(u) \, x_i{}^2 \, du \leqq \int\limits_{U_i} \tilde{c}_{ii}(u) \, x_i{}^2 \, du$$

$$\leqq \int\limits_{U_i} (1 - u) \, \tilde{c}_{ii}(u) \left(\int\limits_0^1 x_{iu}{}^2 \, du \right) du$$

$$\leqq \left(\int\limits_0^1 x_{iu}{}^2 \, du \right) \left(\int\limits_{U_i} (1 - u) \, \tilde{c}_{ii}(u) \, du \right),$$

also

$$\int\limits_0^1 \tilde{c}_{ii}(u) \, x_{iu}{}^2 \, du \leqq d_i \int\limits_0^1 x_{iu}{}^2 \, du \qquad (7.34)$$

mit

$$d_i = \int\limits_{U_i} (1 - u) \, \tilde{c}_{ii}(u) \, du. \qquad (7.35)$$

Setzt man noch

$$D = \begin{pmatrix} d_1 & & \bigcirc \\ & d_2 & \\ & & \\ \bigcirc & & d_n \end{pmatrix}, \qquad (7.36)$$

dann kann $w(x)$ in (7.25) abgeschätzt werden durch

$$w(x) \leq \int\limits_0^1 x_u{}^T P x_u \, \mathrm{d}u \qquad (7.37)$$

mit

$$P = D - \tilde{B}. \qquad (7.38)$$

Man hat die streng positiv definite Matrix B in (7.23) so zu wählen, daß P in (7.38) streng negativ definit ist. Dann hat man durch (7.23) ein streng positiv definites LJAPUNOW-Funktional $v(x)$ gefunden mit der streng negativ definiten totalen Ableitung $w(x)$.

8. Stabilitätsbedingungen für allgemeine Systeme

B 8.1: Auf die Bedeutung der allgemeinen Systeme (D 1.39)

$$y = y(x, t_0, t) \qquad (8.1)$$

für die Untersuchung von Bewegungen, die durch partielle Differentialgleichungen und allgemeinere Funktionalgleichungen beschrieben werden, ist schon mehrfach hingewiesen worden (B 1.25, B 2.7). Bei der Untersuchung der Stabilität (Abschnitt 2.4.) mit der direkten Methode tritt wie bei partiellen Differentialgleichungen ein LJAPUNOW-Funktional an die Stelle einer LJAPUNOW-Funktion und die invariante Menge M (D 1.41) an die Stelle der Ruhelage. Die Stabilitätssätze tragen wieder notwendigen und hinreichenden Charakter.

S 8.1: Notwendig und hinreichend für die Stabilität der invarianten Menge M eines allgemeinen Systems (8.1) ist die Existenz eines in einer Umgebung $U(M, r)$ von M und für $t \geq 0$ erklärte LJAPUNOW-Funktionals $v = v(x, t)$ mit folgenden Eigenschaften:

$$1.\; v(x, t) \geq 0 \quad \text{(positive Definitheit)}. \qquad (8.2)$$

2. Zu jedem hinreichend kleinen $\varepsilon > 0$ existiert ein $\delta = \delta(\varepsilon) > 0$ derart, daß

$$v(x, t) > \delta(\varepsilon), \quad t \geqq 0 \tag{8.3}$$

für alle x mit

$$\varrho(x, M) > \varepsilon \tag{8.4}$$

gilt (strenge Definitheit).

3. $\lim\limits_{\varrho(x,M)\to 0} v(x, t) = 0$ gleichmäßig in t. $\tag{8.5}$

4. $v(x, t_0, t) = \sup\limits_{z \in y(x,t_0,t)} v(z, t)$ $\tag{8.6}$

nimmt für $t \geqq t_0$ nicht zu.

S 8.2: Notwendig und hinreichend für die asymptotische Stabilität der invarianten Menge M eines allgemeinen Systems (8.1) ist neben den Bedingungen von S 8.1 noch die folgende:

5. $\lim\limits_{t\to\infty} v(x, t_0, t) = 0.$ $\tag{8.7}$

S 8.3: Notwendig und hinreichend für die gleichmäßige asymptotische Stabilität der invarianten Menge M eines allgemeinen Systems (8.1) ist neben den Bedingungen von S 8.2 noch die folgende:

6. $\lim\limits_{t-t_0\to\infty} v(x, t_0, t) = 0$ gleichmäßig in t_0. $\tag{8.8}$

B 8.2: Die 4. Bedingung von S 8.1 kann wie bei dem entsprechenden S 7.1 über partielle Differentialgleichungen ersetzt werden durch die Forderung nach einer nichtpositiven totalen Ableitung von $v(x, t)$. Dann erhält man aber eine hinreichende und nicht notwendige Stabilitätsbedingung.

Existieren in einer Umgebung $U(M, r)$ der invarianten Menge M eines allgemeinen Systems (8.1) zwei Funktionale $v(x, t)$ und $w(x, t)$, die die Bedingungen 1 bis 3 von

S 8.1 erfüllen, und gilt

$$\dot{v}(x, t_0, t) = -w(x, t_0, t),\qquad (8.9)$$

so liegt gleichmäßige asymptotische Stabilität der invarianten Menge M vor.

9.   Stabilitätsbedingungen für Differential-Differenzengleichungen

B 9.1: Bei der Untersuchung der Stabilität der Ruhelage $x = 0$ von Differential-Differenzengleichungen (D 1.43)

$$\dot{x} = f(X, t)\qquad (9.1)$$

mit

$$X = (x_{ij}) = \big(x_i(t - s_{ij})\big),\qquad (9.2)$$

$$0 \leqq s_{ij}(t) \leqq s_j \leqq s\qquad (9.3)$$

mit der direkten Methode ergeben sich einige wesentliche Unterschiede zu den entsprechenden Betrachtungen bei den bisher behandelten Bewegungen.

Das ergibt sich schon daraus, daß die Lösung von (9.1)

$$x = x\big(a(t_0), t_0, t\big)\qquad (9.4)$$

von einem Vorlaufvektor $a(t_0)$ abhängt, dessen Elemente selbst Funktionen der Zeit t sind. Dieser Vorlaufvektor wurde eingeführt als Bezeichnung für den Funktionsvektor

$$v = v(t),\quad t_0 - s \leqq t \leqq t_0,\qquad (9.5)$$

wobei für die Lösung (9.4) von (9.1) gefordert wurde:

$$x = x(t) = v(t),\quad t_0 - s \leqq t \leqq t_0\qquad (9.6)$$

und

$$x(t_0) = v(t_0).\qquad (9.7)$$

Bei den bisher betrachteten Bewegungen waren die $a(t_0)$ entsprechenden Elemente, auch wenn sie Elemente normierter Räume waren, nicht von t abhängig. Diese Abhängigkeit von $a(t_0)$ führt zunächst zu gewissen Bezeichnungsschwierigkeiten.

Der Unterschied zu den bisher betrachteten Bewegungen liegt aber dadurch noch tiefer, daß Differential-Differenzengleichungen noch nicht einmal ein allgemeines System definieren (B 2.8). Dadurch war die Stabilität für die Ruhelage wesentlich anders zu definieren als bei den anderen Bewegungen. Dieser Unterschied drückte sich auch bei der Festlegung der Normen aus, die die Zeit t nicht nur als Parameter enthalten, sondern durch die Betrachtung der Elemente über einen Zeitraum der Länge s gewonnen wurden. Das führt dazu, daß man LJAPUNOW-Funktionale der Form

$$v = v(x(-\tau), t) \quad 0 \leq \tau \leq s, \quad t \geq t_0 \qquad (9.8)$$

verwendet, die die Zeit t wie bisher als Parameter enthalten, die aber nicht nur schlechthin vom Element x abhängen, sondern von x über einen Zeitraum der Länge s. Wir wollen im Rahmen der vorliegenden kurzen Darstellung der direkten Methode nur zwei Stabilitätssätze für die Ruhelage von Differential-Differenzengleichungen angeben.

§ 9.1: Notwendig und hinreichend für die gleichmäßige asymptotische Stabilität der Ruhelage von (9.1) ist die Existenz eines LJAPUNOW-Funktionals (9.8) und dreier Funktionen $h(r)$, $k(r)$, $l(r)$ mit folgenden Eigenschaften:

1. $h(r)$, $k(r)$, $l(r)$ sind für $r \geq 0$ definiert, verschwinden für $r = 0$ und wachsen streng monoton mit r.

$$2.\ v(x(-\tau), t) \geq h(\|x(0)\|) \qquad (9.9)$$

(streng positiv definit).

$$3.\ |v(x(-\tau), t)| \leq k(\|x(0)\|) \qquad (9.10)$$

(gleichmäßig klein).

4. Für die totale Ableitung $\dot{v}$ von v gilt

$$\dot{v} = \dot{v}\big(x(a(t_0), t_0, t - \tau), t\big) \leqq - l\big(\|x(0)\|\big) \qquad (9.11)$$

(streng negativ definit).

§ 9.2: Ist die Ruhelage von (9.1) gleichmäßig asymptotisch stabil, dann ist sie auch total stabil.

Literaturverzeichnis

Bücher:

[1] AISERMANN, M. A.: Theorie der automatischen Regelung von Motoren (russisch). Moskau 1952.

[2] BHATIA, N. P. und SZEGÖ, G. P.: Stabilitätstheorie dynamischer Systeme (englisch). Springer-Verlag 1970.

[3] HAHN, W.: Theorie und Anwendung der direkten Methode von Ljapunow. Springer-Verlag 1959.

[4] HAHN, W.: Stabilität der Bewegung (englisch). Springer-Verlag 1967.

[5] LEIPHOLZ, H.: Stabilitätstheorie. B. G. Teubner, Stuttgart 1970.

[6] RJABENKI, W. S. und PHILIPPOW, A. F.: Stabilität von Differenzengleichungen. VEB Deutscher Verlag der Wissenschaften, Berlin 1960.

[7] ROSENBROCK, H. H. und STOREY, C.: Mathematik dynamischer Systeme. R. Oldenbourg, München—Wien 1971.

[8] SUBOW, V. I.: Die Methoden von A. M. Ljapunow und ihre Anwendung (russisch). Leningrad 1957. (Engl. Übersetzung: Noordhoff, Groningen 1964).

[9] WILLEMS, J. L.: Stabilität dynamischer Systeme. R. Oldenbourg, München—Wien 1973.

Originalarbeiten:

[10] BARBASCHIN, E. A. und KRASOWSKIJ, N. N.: Über die Existenz Ljapunowscher Funktionen bei asymptotischer Stabilität im Ganzen. Prikl. Mat. i. Mech. 18 (1954) 345—50.

[11] HAHN, W.: Über Stabilität bei nichtlinearen Systemen. ZAMM 35 (1955) 459—62.

[12] HAHN, W.: Eine Bemerkung zur zweiten Methode von Ljapunow. Math. Nachr. 14 (1956) 349—54.

[13] HAHN, W.: Über die Anwendung der Methode von Ljapunow auf Differenzengleichungen. Math. Ann. 136 (1958) 403—41.

[14] Krasowskij, N. N.: Über die Umkehrung der Sätze von
A. M. Ljapunow und N. G. Tschetajew über die Instabilität
bei stationären Systemen von Differentialgleichungen (russisch). Prikl. Mat. i. Mech. **18** (1954) 513—32.

[15] Krasowskij, N. N.: Über die Stabilität im Ganzen der
Lösung eines nichtlinearen Systems von Differentialgleichungen (russisch). Prikl. Mat. i. Mech **18** (1954) 735—37.

[16] Krasowskij, N. N.: Hinreichende Bedingungen für die
Stabilität der Lösungen eines nichtlinearen Systems von
Differentialgleichungen (russisch). Dokl. Akad. Nauk SSSR
98 (1954) 901—4.

[17] Krasowskij, N. N.: Über die Stabilität nach der ersten
Näherung (russisch). Prikl. Mat. i. Mech. **19** (1955) 516—30.

[18] Krasowskij, N. N.: Die Umkehrung der Sätze von Ljapunow und die Frage der Stabilität der Bewegung nach der
ersten Näherung (russisch). Prikl. Mat. i. Mech. **20** 19 (56)
255—65.

[19] Krasowskij, N. N.: Über die Stabilität bei großen Anfangs-
störungen (russisch). Prikl. Mat. i. Mech. **21** (1957) 309—19.

[20] Kurzweil, J.: Über die Umkehrbarkeit des ersten Theorems
von Ljapunow zur Stabilität der Bewegung. Cechosl. mat.
J. **5** (1955) 382—98.

[21] Lebedjew, A. A.: Über eine Methode zur Konstruktion
Ljapunowscher Funktionen (russisch). Prikl. Mat. i. Mech.
21 (1957) 121—24.

[22] Ljapunow, M. A.: Allgemeines Problem der Stabilität der
Bewegung (russisch). Comm. Soc. math. Charkow 1892.
(Französ. Übersetzung in Ann. Fac. Sci. Toulouse **9** (1907)
203—474. Nachdruck in Ann. Math. Studies **17**, Princeton
1947.)

[23] Massera, J. L.: Über Ljapunows Begriff der Stabilität
(englisch). Ann. of Math. **50** (1949) 705—21.

[24] Massera, J. L.: Beitrag zur Stabilitätstheorie (englisch).
Ann. of Math. **68** (1958) 202.

[25] Nougmanova, Ch.: Über die Stabilität periodischer Bewegungen (französisch). C. R. (Dokl.) Acad. Sci. URSS **42**
(1944) 202—4.

[26] Persidskij, S. K.: Über die zweite Methode von Ljapunow
(russisch). Isw. Akad. Nauk Kasach. SSR Nr. **4** (8) (1956)
43—47.

[27] Rasumichin, B. S.: Über die Stabilität nichtstationärer
Bewegungen (russisch). Prikl. Mat. i. Mech. **20** (1956) 266—70.

[28] Tschetajew, N. G.: Ein Theorem über die Instabilität (französisch). C. R. (Dokl.) Acad. Sci. URSS 1934 I, S. 529—31.
[29] Tschetajew, N. G.: Über die Instabilität des Gleichgewichts in gewissen Fällen, in denen die Kraftfunktion kein Maximum hat (russisch). Utsch. Sapiski Kasansk. Univ. 1938.
[30] Tschetajew, N. G.: Die kleinste charakteristische Zahl (russisch). Prikl. Mat. i. Mech. 9 (1945) 193—96.

9*